饮用水安全

『十四五』时期国家重点出版物出版专项规划项目

中国水利水电科普视听读丛书

中国水利水电科学研究院　组编

高继军　主编

U0283228

中国水利水电出版社
www.waterpub.com.cn

·北京·

内 容 提 要

　　《中国水利水电科普视听读丛书》是一套全面覆盖水利水电专业集视听读于一体的立体化科普图书，共14分册。本分册为《饮用水安全》，立足饮水安全保障，以图文并茂、通俗易懂的表现形式对饮水安全的专业知识进行科普介绍。全书包括六章，以饮水历史发展脉络为开篇，从诗词典故中探索饮水文明，从供水水源到处理工艺，从生活供水模式到应急饮水，多角度、多维度地向广大读者展示了饮水安全相关的科学知识和生活常识。

　　本丛书可供社会大众、水利水电从业人员及院校师生阅读参考。

图书在版编目（CIP）数据

饮用水安全 / 高继军主编；中国水利水电科学研究
院组编. -- 北京：中国水利水电出版社，2022.9
　（中国水利水电科普视听读丛书）
　ISBN 978-7-5226-0662-0

　Ⅰ．①饮… Ⅱ．①高… ②中… Ⅲ．①饮用水－给水
卫生－普及读物 Ⅳ．①R123.5-49

　中国版本图书馆CIP数据核字(2022)第070677号

　审图号：GS（2021）6133号

丛 书 名	中国水利水电科普视听读丛书
书　　名	饮用水安全 YINYONGSHUI ANQUAN
作　　者	中国水利水电科学研究院 组编 高继军 主编
封面设计	杨舒蕙 许红
插画创作	杨舒蕙 许红
排版设计	朱正雯 许红
出版发行	中国水利水电出版社 （北京市海淀区玉渊潭南路 1 号 D 座 100038） 网址：www.waterpub.com.cn E-mail:sales@mwr.gov.cn 电话：（010）68545888（营销中心）
经　　售	北京科水图书销售有限公司 电话：（010）68545874、63202643 全国各地新华书店和相关出版物销售网点
印　　刷	天津画中画印刷有限公司
规　　格	170mm×240mm 16 开本 9.5 印张 105 千字
版　　次	2022 年 9 月第 1 版 2022 年 9 月第 1 次印刷
印　　数	0001—5000 册
定　　价	68.00 元

凡购买我社图书，如有缺页、倒页、脱页的，本社营销中心负责调换

《中国水利水电科普视听读丛书》

编委会

主　　任　匡尚富

副主任　彭　静　　李锦秀　　彭文启

专家委员会

主　　任　王　浩

委　　员　丁昆仑　　丁留谦　　王　力　　王　芳

（按姓氏笔画排序）　王建华　　左长清　　宁堆虎　　冯广志

朱星明　　刘　毅　　阮本清　　孙东亚

李贵宝　　李叙勇　　李益农　　杨小庆

张卫东　　张国新　　陈敏建　　周怀东

贾金生　　贾绍凤　　唐克旺　　曹文洪

程晓陶　　蔡庆华　　谭徐明

《饮用水安全》

编写组

主　　编　高继军

副 主 编　刘来胜　刘玲花

参　　编　王启文　赵晓辉　谭亚男　吴文强
　　　　　劳天颖

丛 书 策 划　李亮

书 籍 设 计　王勤熙

丛书工作组　李亮　李丽艳　王若明　芦博　李康　王勤熙　傅洁瑶
　　　　　　芦珊　马源廷　王学华

本 册 责 编　李亮　马源廷　王勤熙

党中央对科学普及工作高度重视。习近平总书记指出："科技创新、科学普及是实现创新发展的两翼，要把科学普及放在与科技创新同等重要的位置。"《中华人民共和国国民经济和社会发展第十四个五年规划和2035年远景目标纲要》指出，要"实施知识产权强国战略，弘扬科学精神和工匠精神，广泛开展科学普及活动，形成热爱科学、崇尚创新的社会氛围，提高全民科学素质"，这对于在新的历史起点上推动我国科学普及事业的发展意义重大。

水是生命的源泉，是人类生活、生产活动和生态环境中不可或缺的宝贵资源。水利事业随着社会生产力的发展而不断发展，是人类社会文明进步和经济发展的重要支柱。水利科学普及工作有利于提升全民水科学素质，引导公众爱水、护水、节水，支持水利事业高质量发展。

《水利部、共青团中央、中国科协关于加强水利科普工作的指导意见》明确提出，到2025年，"认定50个水利科普基地""出版20套科普丛书、音像制品""打造10个具有社会影响力的水利科普活动品牌"，强调统筹加强科普作品开发与创作，对水利科普工作提出了具体要求和落实路径。

做好水利科学普及工作是新时期水利科研单位的重要职责，是每一位水利科技工作者的重要使命。按照新时期水利科学普及工作的要求，中国水利水电科学研究院充分发挥学科齐全、资源丰富、人才聚集的优势，紧密围绕国家水安全战略和社会公众科普需求，与中国水利水电出版社联合策划出版《中国水利水电科普视听读丛书》，并在传统科普图书的基础上融入视听元素，推动水科普立体化传播。

丛书共包括14本分册，涉及节约用水、水旱灾害防御、水资源保护、水生态修复、饮用水安全、水利水电工程、水利史与水文化等各个方面。希望通过丛书的出版，科学普及水利水电专业知识，宣传水政策和水制度，加强全社会对水利水电相关知识的理解，提升公众水科学认知水平与素养，为推进水利科学普及工作做出积极贡献。

丛书编委会

2021年12月

饮用水是人类生存的基本需求，饮用水安全直接关系到广大人民群众的健康，与人类的幸福息息相关。我们的祖先逐水而居，因水而兴，有着悠久的饮用水保护历史，早在周代就有水井防护的记载。当前，我国正在乘势而上开启全面建设社会主义现代化国家新征程、向第二个百年奋斗目标进军，持续提高饮用水安全保障水平，更好满足人民日益增长的美好生活需要，则显得更加重要与迫切。

有鉴于此，特编写了《饮用水安全》，通过对饮用水历史发展、水源地分类与保护、净水工艺与模式、水质消毒与检测、饮用水安全小知识等全方位的科学知识普及，提高人们的饮用水安全意识，促进社会文明的发展与进步。

全书共分为六章，从饮用水保护历史传承开篇，以"源头到龙头"全过程供水为逻辑主线，健康饮水为结篇，系统介绍了与饮用水安全相关的知识点。第一章介绍了与饮用水安全相关的理论与技术，从古至今不断积累和进步的过程；第二章讲述了我国饮用水水源地的分类分区情况和保护经验；第三章介绍了集中供水和分散供水的典型模式和净水工艺，以及饮水消毒技术；第四章介绍了常见的水质检测方法；第五章介绍了不同污染类型的水处理方法和应急处理小知识；第六章通过多个小知识的讲解介绍了饮用水安全对日常生活与身体健康的重要性。

本书编写工作得到了中国水利水电科学研究院领导及有关同志的大力支持，在此向相关资料的提供者以及支持和帮助过本书编写的所有单位及个人表示诚挚的感谢。书中参考借鉴的数据资料都尽量予以标明，但难免挂一漏万，敬请相关资料的作者予以谅解。

由于编者水平所限，书中难免存在不足和疏漏之处，敬请广大读者批评指正。

编者
2022 年 6 月

目 录

序

前言

◆ **第一章 饮水保护话沧桑——文明传承**

◆ **第二章 饮用净水方思源——源头保护**

◆ 第六章 喝水这事不简单——健康饮水

第一章

饮水保护话沧桑——文明传承

◎ 第一节 饮用水与人类文明

一、水与人类文明

水与人类文明的发展密切相关，河流孕育了人类文明。古巴比伦、古埃及、古印度、中国是四大文明的发源地，均依水而生。

世界已知最早的文明是苏美尔文明，广义上将其与古巴比伦文明合并称为古巴比伦文明，即底格里斯河、幼发拉底河流域诞生的两河文明，出现在公元前约4000年。最早的苏美尔文明的创造者被认为是苏美尔人，在美索不达米亚南部开掘沟渠建成复杂的灌溉水网，利用底格里斯河和幼发拉底河的河水创建了两河流域文明，即人类历史上的第一个文明。

第二个文明是古埃及文明，由于尼罗河从西北向西南横穿埃及全境，所以又叫尼罗河流域文明。尼罗河每年都会暴发洪水，洪水退去后，淹没过的下游两岸会留有一些上游的泥沙和腐殖质，农民在河流两岸进行耕种，促进了农业的发展。肥沃的农田丰收保障了城市粮食的供应，从而促进了城市的快速发展和商业流通。尼罗河就像一根天然纽带，把整个流域连接成一个稳定的有机整体。尼罗河平稳的水流使北上的航行变得极为容易，而盛行的北风和西北风又使返航毫不费力。古希腊历史学家曾把古埃及称为"尼罗河的赠礼"，意思是尼罗河带来了古埃及文明的繁荣与发展。

　　大约在两河文明产生的 1000 年之后，出现了人类第三个文明，即古印度文明。由于古印度河的存在，为沿河两岸的农田灌溉创造了条件，极大地促进了农业发展。古印度河文明主要是农业文明，农作物主要是小麦和大麦，还有豌豆、甜瓜、芝麻和棉花等，古印度河流域是最早使用棉花织布的地方。此外，古印度文明在文学、哲学、自然科学等方面都对人类社会做出了重要贡献。

　　第四个文明是华夏文明，主要指黄河流域和长江流域的文明。黄河流域是我们中华民族比较早的文明发祥地。大约 150 万 ~ 180 万年前，人类就开始在黄河流域生息繁衍，后来，蓝田人、大荔人、丁村人、河套人都在黄河流域落脚。大约 6000 年前，黄河流域出现了以半坡文明为代表的母系氏族文化。长江流域河姆渡文化的发现与发掘，证实了我国是世界上最早种植水稻的国家之一，也说明长江流域是中华民族古老文明的发祥地之一。我国历史上关于大禹治水的传说进一步说明了中华文化同水的不解之"源"。

二、以水定城

　　城市的兴起是社会生产力发展到一定历史阶段的产物，是人类文明发展史上具有划时代意义的里程碑。据考证，"城"起源于古人防治洪水的活动。相传在尧、舜、禹时代，我们祖先聚居的黄河流域连续出现特大洪水，《尚书·尧典》有云："汤汤洪水方割，荡荡怀山襄陵，浩浩滔天。下民其咨，有能俾乂？"先民们与洪水抗争最初的办法就是"壅

西城墙北水城门　北城墙西水城门　北城墙东水城门
反山　张家山　凤凰山
西城墙南水城门　乌龟山　大莫角山　宫殿区
凤山　东城墙北水城门
南城墙西水城门　手工作坊区　东城墙南水城门
南城墙陆城门
南城墙东水城门

▲ 始建于公元前 3300 年的良渚古城，外围筑有水坝，是迄今所知中国最早的大型水利工程

防百川，堕高堙庳"，即用泥土石块在居住地周围筑起一道道堤埂式的土围子，以拦阻洪水，保护居所和耕地不受侵袭，这种用以防水的土围子就是"城"的雏形。正因如此，史书上才有"鲧作城"和"鲧障洪水"的记载。人类文明初期的"城"除了具有防范洪水的功能，还具有防御野兽侵袭和敌人攻击的作用。随着私有制和社会分工的产生，人类社会出现了产品交换现象，而交换的场所就是"市"。一些人为了交换的方便就在"市"内聚居。我国早期文献中就常见"市井"一词。关于其含义，唐代张守节在《史记正义》中这样解释："古未有市及井，若朝聚井汲水，便将货物于井边货卖，故言市井。"市内人口密集，生活和交换活动都离不开水，于是，地势平坦、交通便利的河湖之滨，便成了人们建城设市的理想位置，城市的起源与水的关系由此可见一斑。

随着奴隶制出现，有些城市便初具政治、军事和经济中心的性质了，这样的城市和一般的城市有所区别，于是有了"都"的概念。由于都城关乎一代王朝的兴盛与衰败，所以古人在选择和营建都城时，都要考虑自然和社会两方面的因素。在诸多自然因素中，水一直占有极其重要的位置。

为了取水方便，古代城市一般都临河傍水而建。古代先民在选址建城，特别是营建都城时，都毫不例外地把水源因素作为考虑的充分必要条件。《诗经·大雅·公刘》在记述周人祖先公刘选择都城时，"相其阴阳，观其流泉"，表现出对水源的高度重视，周人的三次迁都从未离开过河流两侧。

春秋战国时期，诸侯割据，涌现了一批著名的都城，而这些都城无不依江临河而建。齐都临淄（今山东临淄市）地处鲁中山区北麓，东临淄水，临淄因此而名，西依济水，齐人又在两水间开凿了淄济运河以享交通之便。鲁都曲阜（今山东曲阜市）位于洙、泗二水之间。燕下都（今河北易县东南）北临北易水，南靠中易水。先后作为郑国和韩国都城的郑韩故城（今河南新郑市），有洧水和黄水穿城而过。赵国都城邯郸（今河北邯郸市西南）有清河、沁河贯流都城。魏国都城安邑（今山西夏县西北）有青龙河从城中流过。楚国都城郢（今湖北江陵县北）近云梦泽，为水乡泽国，亦有河道过其城南。

中华文明历史悠久，古都众多，分布广泛，又各具特色。其中最著名的古都有8个，即洛阳、西安、北京、开封、南京、安阳、郑州、杭州。古都的形成、发展乃至衰落无不与水有着密切联系，而兴水利、除水害则一直是关系古都乃至整个王朝生存与发展的重大课题。

洛阳，位于黄河中游以南的伊洛盆地，群山环绕，东有虎牢险隘，西有函谷要塞，北依邙山，南对龙门，伊、洛、涧水蜿蜒其间，自古有"河山拱戴，形势甲天下"之称。从公元前770年开始，东周、东汉、曹魏、西晋、北魏、隋、唐、后梁、后唐等9个朝代先后在这里建都。

西安，古称长安，位于八百里秦川中央，河川纵横，沃野千里，四塞险固，是历史最为悠久的古都之一。其周围有渭、泾、灞、涝、沣诸河，有"八水绕长安"之说。这八水皆能灌溉，渭水更能航运。由于自然条件优越，以及关中地区开发较早、文化发展水平较高等原因，曾先后有西周、秦、西汉、隋、唐等13个王朝建都于此，时间长达1700余年。

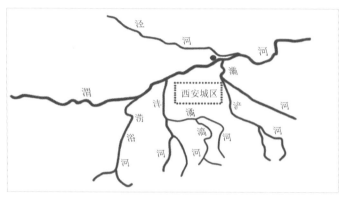

▲ 八水绕长安示意图

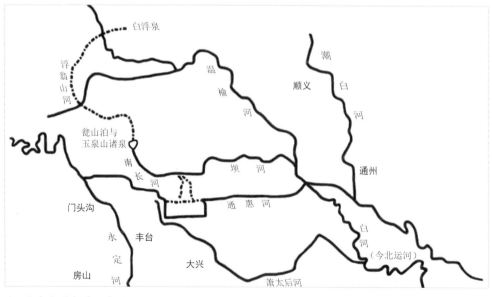

▲ 北京主要水系示意图

北京，古称燕京、北平，位于华北平原的北端，"左环沧海，右拥太行，南襟河济，北枕居庸"，形势甲于天下。附近有永定河、潮白河以及温榆河、高梁河等，隋朝南北大运河的永济渠北端起于邻近北京的涿郡，元代开凿的京杭大运河更达于北京城中。据记载，北京的城史，始于西周，周成王封召公于燕，开始在北京建城，初名蓟。春秋战国时，随着燕国都城的不断扩大，至战国末年燕国都城已成为颇具影响的区域政治文化中心。秦汉魏晋时期，北京地区的范阳、蓟城、幽州等都是北方的重镇。辽代北京为陪都，称燕京。金代建都于此，称中都，北京的政治地位得到迅速提升。至元代定都北京，称大都，北京一跃成为全国的政治文化中心；后又成为明、清二代的都城。

开封，古称大梁、汴京，地处河南省东部的黄、淮二水之间，为汴河（通济渠）、蔡河（惠民河）、五丈河（广济渠）和金水河（天源河）等河道的交汇处。水运发达，地理位置优越，使得开封成为七朝都城，即战国时期的魏，五代时期的后梁、后晋、后汉、后周，以及其后的北宋和金。

南京，古称金陵、建康，位于长江下游南岸，除了坐享交通便利外，还可借天堑以为防御。内有秦淮河穿城而过，不仅有漕运之利，还使城市的风光愈显绮丽。南京作为都城，始于孙吴（东吴），至于东晋，南朝的宋、齐、梁、陈，五代十国的南唐和明初，后来的太平天国和"中华民国"亦在此建都。

安阳，即商代后期的都城殷（建都时间长达273年），是中国有文字记载而且经过确定的最早

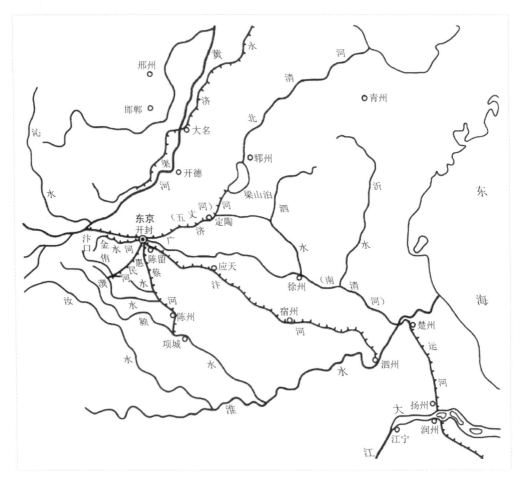

▲ 北宋东京（今开封）水系
（含运河）图

的古都，坐落于河南最北端古洹水两岸。

郑州，古称商都，位于黄河中下游和伏牛山脉东北翼向黄淮平原过渡的交界地带。郑州是国家历史文化名城，是华夏文明重要发祥地之一，为中华人文始祖轩辕黄帝的故里，历史上曾五次为都、八代为州。

杭州，古称临安、钱塘，位于钱塘江的北岸，京杭大运河的南端，并且濒临景色秀美的西子湖。杭州曾是五代时吴越国和南宋的都城。

三、城市水利

我国历史上的古都之所以绝大多数坐落于江河湖泽之滨，除了考虑到都城用水的方便外，还考虑到江河可以提供灌溉与舟楫之便、作为防御屏障等重要因素。不过，凡事往往利弊相伴。靠近江河固然可以容易得到饮用、舟楫、灌溉等种种方便，但城市的防洪问题也较远离江河的高阜之地严重得多。因此，历代王朝不得不投入很大的力量来解决都城的防洪问题。

对于都城取水便利和防洪排涝之间的取舍问题，我国古代先贤在很早的时候就意识到了。成书于2000多年前的《管子》在总结历史经验教训的基础上，对水与都城选址和建设的关系进行了颇为深入的探索，并得出了在今天看来仍不失精辟的理论阐述。《管子·乘马》中说"凡立国都，非于大山之下，必于广川之上。高毋近旱，而水用足；下毋近水，而沟防省。因天材，就地利，故城郭不必中规矩，道路不必中准绳"，强调了筑城建都既要充分考虑水源问题，便于取水，但又不能忽视都城的防洪排涝问题。

古人在选址建都时除了考虑城市供水、灌溉等因素外，水景观功能也逐渐被认识和开发出来，如以自然湖泽为基础营造的山水园林，人工开挖的池塘陂泽，在都城内外形成

▲ 北京莲花池距今有3000多年历史，是北京古城供水的主要来源，1982年建成为公园

了湖光山色的山水景致，给雄伟威严的都城平添了生动和绚丽，大大提升了都城的环境质量。

一般来说，古代都城用水主要有以下几个方面：一是城市生活用水。都城人口密集，人饮、洗涤等都必须有水源保证。二是皇家宫苑、城市景观用水。古代都城用水部门中，园林用水占据相当大的比例。三是城市防卫和防火用水。防卫用水指都城护城河用水；防火用水主要指宫城、粮仓及居民住宅防火所需之水。四是都城水路交通用水。古代都城交通大多以水运为主，要保证水运特别是漕运的畅通，必须有充足的水源补给。五是灌溉、养殖等方面用水。为了就近供应城市所必需的农副产品，许多都城在城内及近郊辟有耕地、菜园，同时利用湖泊、水塘进行养殖，这也需要一定的水源保证。

◎ 第二节 水源开发与输送水

我国古代都城的供水方式除了利用和改造天然河湖之外，还要根据都城附近的自然条件，因地制宜地开辟新的水源，同时修建相应的供水工程。

一、水源的选择

水质的优劣主要取决于水源的好坏。有适宜水源的地方才可休养生息、居住繁衍，如果水源不好，则"非居人之地，速宜迁去"。

古人十分重视水源的选择。唐代陆羽《茶经·五之煮》中认为饮水"用山水上，江水中，井水下；其山水拣乳泉石池，漫流者上"，而"瀑涌湍漱"者久食则"令人有颈疾"。李时珍对各种水源的分类尤为详尽，《本草纲目·水部》记有雨水、露水、腊雪、夏水、江河溪涧流水、碧海水、酸泉、玉井水、温泉、阿井水、山岩泉水等，名目多达40

▲ 唐代陆羽认为如果长期饮用"瀑涌湍漱"的山泉水，颈部会有疾病

余种。李时珍认为，饮用或入药疗疾以清洁的地面流动水和井泉水为佳，但须注意地质因素对水质的影响，泉水以"源远清冷，或有玉石美草木者为良；其山有黑土毒石恶草者不可用"，还须防范生活环境对水体的污染，指出井水若有"城市近沟渠污水杂入者"，如不经净化处理则"气味俱恶，不堪入药食茶酒也"。章穆亦云："至于味咸及水面浮沫之井，人烟稀少处仅无，通都大邑则十九如此。此由居人稠密，巺秽杂污物渍入泥土所致……明明秽物，岂可入口。"说明人口稠密的生活区水源容易受到人畜粪便和废弃杂物的污染，水质恶劣不宜饮用。因此，古人选择水源的经验，还包括以下几点。

1. 源远流长

章穆曰："长流之水合千脉而不竭，纳众污而不垢。"这种见解完全符合现代水环境治理理念。水体流动、河床起伏不平、风吹波浪等都可使复氧能力（大气中的氧气不断通过水面溶于水中）提升。此外，降水和沿途支流汇入也可给河流带入溶解氧。高含量的溶解氧是水体洁净的保证。古人对地下水也认为"有远从地脉来者为上"，取其土厚水深，不易受地面污染，经过长途地层过滤，自然净化效果好。又如《煮泉小品》云："山厚者泉厚……泉往往有伏流沙土中者，挹之不竭即可食；不然则渗漉之潦耳，虽清勿食。"意思是说泉水经过沙滤作用水质较好，而地面水虽清也不能饮用。

2. 流水不腐

古人饮食、入药，均喜用活水，不用死水。华佗名言："流水不腐。"章穆亦云："水性动，止而不行则静，拂其性矣。且四岸秽污，有纳无出，故凡乡村饮此水者，其人丁必不繁盛。"因为活水是流动的，溶解氧含量高，水质优良，而死水是静止的，或水流缓慢，不利于水体自净。活水卫生质量好，在古代即已是人尽皆知的常识。即使对于相对静止的井水，人们也要让新渗出的地下水不断地补充入井，人为地造成水体流动。如明代陆树声的《茶寮记·品泉》中提出井水要多汲，"多汲则水活"，还要做到"旋汲旋烹"，不可将汲取的水久贮不用，因为"汲久宿贮"的水在微生物作用下，不但味减鲜冽，而且容易产生对人体有害的物质。

▲ 明代陆树声在《茶寮记·品泉》中提出井水"多汲则水活"

3. 水冽

冽，泉寒也，指水的温度要低。《山海经·中山经》："高前之山，其山有水焉，甚寒而清，饮之者不心痛。"

明朝徐献忠的《水品全秩·五寒》中亦云："井泉以寒为上。"寒泉意味着水从地下深层而来，经过多层渗水岩层的过滤，会渗入某些对人体有益的矿物质，水的品质无疑是非常良好的。至于与"冽"相对的"暖"，古人虽不解水温对细菌和微生物繁殖的影响，但已明确认识到泉水自寒变暖后水质就会变坏，水就容易自腐，故将"暖"视为井泉水之忌。

4. 色清味甘

章穆的《调疾饮食辩》中指出：饮用水以"色清如水晶为优妙""味甘而淡为优"。无色透明、略带甘味，这是优质水的两大特征。明朝徐献忠的《水品全秩》中指出：以乳泉为上，乳液必甘；称之独重于他水，必乳泉也。乳泉便是现代提倡饮用的矿泉水，因矿泉水密度略大，其味甘美，并含有适量的钙盐、二氧化碳，同时兼具泉水的清凉感。矿泉水因含有对人体有益的无机盐和微量元素，养生疗疾，功用均佳，所以在我国古代就已受到推崇。起源于汉代的名贵中药"阿胶"就是用矿泉水熬制而成。

小贴士

矿泉水

矿泉水是从地下深处自然涌出的或者是经人工揭露的，未受污染的地下矿水。矿泉水中含有一定量的矿物盐、微量元素或二氧化碳气体。

二、水源开发方式

1. 掘井取水

掘井技术的发明促进了村落和市集的形成。据《孟子》及《史甜·秦本耙》所载，伯益跟随禹治水时处于石器时代末期或铜器时代初期，已经具有了简易的挖土工具。《史记正义》记载："古未有市，若朝聚井汲，便将货物于井边货卖，曰市井。"在古代建都或择地集居时，井泉的有无往往为先民

13

▲ 汉画像石展示的盐井
开采场面

▲ 宋代小口井的钻井方法
已经与现今基本相同，
图为浙江新昌县小将镇
南洲宋井

所重视。《易拯》井卦木义就引有这样
的记载："井者穴地出水之处，隆山李
氏曰：自古国邑之建必先视其泉之所在，
是以公刘刬京于幽之初，相其阴阳观其
流泉，先卜其井泉之便，而后居之也。"
由此可见，我国凿井技术的沿革大致可
以分为三个阶段：

（1）先秦时期：安阳殷墟出土的铜
制工具中有钻掘用的铜锥，郑州二里商
殷文化层发现有凿龟甲用的铜制圆凿。
凿井所用的锹、锥、锉等钻掘井工具均
是在铜制圆凿的基础上不断加工、改进
发展而来的。

（2）汉武帝时期：曾穿渠引洛水
至商颜下，因"岸善崩，乃凿井，深者
四十余丈，往往为井，井下相通行水"。
从记载的凿井深度来看，已经不是一般
开挖所能办到的。在成都锡子山汉墓出
土的汉画像石中有几幅描写当时盐井的
开采图，图中显示，秦汉时期凿井在一定程度上已
使用了机械设备。图中极清楚地表明，井杆上装有
辘植式的滑车，吊桶系在绳的两端，由四人操作。
以人的高度比例来看，当时井架约有两丈多高，上
有顶篷。从井架向上渐狭、向下渐宽的结构，与《天
工开物·作咸篇》中的盐井汲卤图，以及近代使用
顿钻钻井法的钻井设备相仿。

（3）宋朝时期：凿井机械日趋繁盛，从汉唐的
大口井，进而能够开凿需要更复杂、更精巧机械的
小口井。关于小口井的记载，屡见于宋人著述，如

北宋的文同、苏轼，南宋的陆游、胡元质等。从文同和苏轼所述筒井（即卓筒井，明代以后别称竹井）的情况来看，基本上与现今钻井方法相同，就是利用钢铁所制成的钻头把岩石冲击成碎末，然后将松碎的岩石用汲筒取出，再继续冲击汲水，使钻慢慢深入，以达到需要的深度。

凿井机械的发明，经过了秦以前整个历史时期的酝酿，到西汉时代，出现深井钻掘机械，并一直沿用到明清，中间在南北宋时代有较大的改进。

2.开渠引水

古代城市选址往往遵循"高毋近旱而水用足，下毋近水而沟防省"这一原则。因此，出于地理条件的限制和防洪的考虑，许多城市不可能距水源太近，必须开渠引水入城。著名的例子有长安龙首渠、元大都金水河以及唐代白敏中主持开凿的成都金水河，该工程引岷江水入成都城，水自城西入，穿城而过，大大方便了市民生活。据记载，金水河畔"釜者汲，垢者沐，道渴者饮，园者灌；濯锦之官，浣

▲　建于西汉武帝年间的龙首渠是中国历史上第一条地下水渠

15

花之姝，杂沓而至。欢声万喙，莫不鼓舞"。成都金水河历代都加以维护、整治，直到中华人民共和国成立以后还在发挥作用。

3. 筑坝蓄水

修筑堤坝拦蓄河水形成大容量的水库，是解决城市水源的重要措施。汉长安的昆明池、汉晋洛阳的千金碣、唐宋时期的杭州西湖、清代北京的昆明湖等，都是著名的例证。此外，有的城市利用人工开挖的大水塘，蓄积泉水，或导入河水，作为城市供水的辅助水源。如济南的大明湖就是一例。蓄水湖库不仅可以作为城市水源，而且可以调蓄洪水，提高城市防洪能力。

三、供水设施的发展

水与人类的关系极为密切。中国古代的生活用水因居住条件而定：临河者汲河水，近泉者汲泉水，无河无泉者则用渠水、井水或雨水。为了满足城乡居民特别是城市居民对生活用水的需求，中国古代曾修建过一些供水工程及相关的配套设施。

1. 供水设施

中国古代的供水工程以河渠、井泉为主。在远古时代，中国先民一般居住在靠近河流、湖泊的阶地上，利用天然河水、湖水或泉水维持生计。这种情况在氏族公社阶段表现得尤为突出。如著名的半坡遗址位于浐河之滨的坡地上，半坡人就是以浐河水维生的。进入夏商周三个朝代，人类活动区域不断扩大。在无天然河湖可资利用的地方，只好开泉、凿井取水。《易·井》有"改邑不改井"之说。由于居民多凿井取水，因此，"井屋"成了"人家"的代称，"井里"成了"乡里"的代称。

秦汉以后，随着城市化倾向的发展和风水说的兴起，不少人居住在离水源较远的地方；城市规模越来越大，对生活用水的要求也越来越高。在这种情况下，井、泉已经不能满足人们的需要，统治者不得不开发水源，修渠引水，以解决城镇居民的用水问题。汉武帝元狩三年修昆明池，并引池水入汉都长安，供居民使用，就是明显的例证。

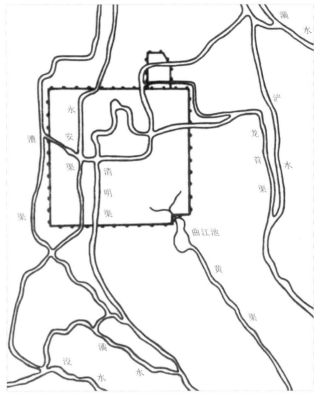

▲ 隋唐时期长安城供水示意图

隋唐时期的长安城犹如现代国际化的大都市，有比较完备的供水系统。龙首渠、清明渠、永安渠分别从东、南两个方向进城，与城中众多的水井相辅相成，共同解决城市生活用水及环境用水问题。唐代以后，宋、元、明、清诸朝代在大中型城市中也普遍建有供水设施。

2. 提水设施

提水设施经过中国2000多年的文化洗礼，名称由西周的桔槔、辘轳，东汉的翻车，唐代的筒车，宋元时期的水转水车、风力水车、高转筒车，再到

▲ 桔槔

▲ 辘轳

明嘉靖年间的兰州水车，除了名称的变化外，其工艺也在这期间得到了改良与提升。

大约西周时期，出现了用于灌溉农田的桔槔、辘轳等供水工具。它们代表着具有简单机械结构的灌溉工具开始出现。桔槔使用杠杆原理，用于提取地表水。辘轳则利用轮轴原理，实际上是一种起重机械，用于提取井水，在今天的一些地方仍有使用。

东汉时期，出现了提水效率更高的翻车。翻车又称龙骨水车，由木板制成长槽，槽中放置数十块与木槽等宽的刮水板。刮水板之间由铰关依次连接，首尾衔接成环状。木槽上、下两端各有一带齿木轴。转动上轴，带动刮水板循环运转，同时将板间的水自下而上带出。翻车最初多用人力驱动，后来三国时发明家马钧曾予以改进，变为以风能或水能驱动的翻车。

唐代时期，出现了轮式的筒车。筒车多以水力驱动，在水流湍急处建一水轮，水轮底部没入水中，顶部超出河岸，轮上倾斜绑置若干竹筒。水流冲动水轮，竹筒临流取水并随水轮转至轮顶时，将水自动倾入木槽，最后再流入田间。

宋元时期，发明了利用流水为动力的水转水车和以风为动力的风力水车。

元朝时期，《王祯农书》中还提到一种高转筒车，可将水提至更高的地方。由于高度增加，在水槽倾斜角度不变的情况下，水就能被输送到更远的田间。

明嘉靖年间，南方使用发明于东汉年间的龙骨水车，而北方使用的供水工具是在龙骨水车的基础上加以改进，制成了兰州水车，也叫黄河大水车。黄河大水车是更适应黄河水流的冲击力的水利设施。水车轮辐直径达 16.5 米，辐条尽头装有刮板，刮板间安装有等距斜挂的长方形水斗。水车立于黄河南岸，旺水季利用自然水流助推转动；枯水季则以围堰分流聚水，通过堰间小渠，

▲ 龙骨水车

▲ 黄河大水车

河水自流助推。当水流自然冲动车轮叶板时，会推动水车转动，水斗便舀满河水，将水提升 20 米左右，等转至顶空后再倾入木槽，水流源源不断地流入田地，以利灌溉。这种通过水车转动，自动提水灌溉农田的水利设施，就是古代的"自来水工程"。

清末时期，由于受到西方文化的影响，在慈禧太后的大力支持下，"自来水工程"在中国发芽。

◎ 第三节 源头防护与水安全

水是人类生存的要素，饮水的质量如何，关系到人类的健康，也标志着社会发展与卫生知识的进步。饮水卫生的观念在我国古代早已形成。古人优择水源、防范污染、净化水质，其饮水观至今仍具有实用价值。

一、饮水与安全

古时候，无论是河水、泉水，甚至是雨水，人们大多是直接饮用。贾铭《饮食须知》对天降水划分为冰、露水、冬霜、冰雹水等。甘露水干凉润燥，涤暑除烦，被称为优质水。大诗人苏轼喜欢喝雨水，认为有益身体。他说："时雨降，多置器广庭中，所得甘滑不可名，以泼茶煮药，皆美而有益。"宋代《杨公笔录》中认为酿酒的极品水是黄河水，黄河水中的顶级水是河源水，但河源水属稀缺资源，大多用于酿造天价酒——昆仑觞。宋代窦萍的《酒谱》中认为："魏贾锵有奴善别水。尝乘舟于黄河中流，以匏瓠[1]接河源水。一日不过七八

▲ 元代养生家贾铭认为，露水是一种优质水

---

[1] 匏瓠（读音：páo hù），意为葫芦。

升。经宿色如绛，以酿酒，名昆仑觞，香味奇妙。"

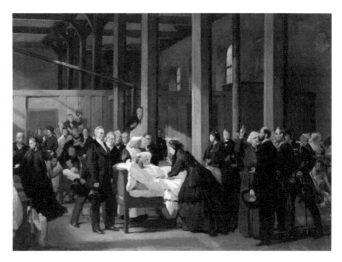

虽然古人饮水不如现今这般讲究，却也认识到饮水与身体健康息息相关。公元前二世纪的《吕氏春秋》中指出："轻水所，多秃与瘿人。重水所，多尰与躄人。甘水所，多好与美人。辛水所，多疽与痤人。苦水所，多尪与伛人。"意即盐分矿物质少的地方，多秃顶和头上长瘤；盐分矿物质多的地方，多腿肿或腿脚不便；水味甘美的地方，人也漂亮善良；水味辛辣的地方，多痛疮和恶疮；水味苦涩的地方，多鸡胸和驼背。上述言论与现代环境流行病学调查的结论基本吻合。

古人还注意到饮用水一旦受污染则有可能引起介水传染病的流行，危及人畜生命安全。《本草纲目·卷五·井泉水》："昔在得阳忽一日城中死马致百。询之效日前雨洗出山谷中蛇虫之毒马饮其水然也。"王孟英将水列为饮食之首，指出"人可以一日无谷，不可以一日无水"，并论述了霍乱的发生与饮食及饮水卫生有关，呼吁改善饮水的卫生环境以预防疾病："人烟稠密之区，疫病流行……故为民上者及有心力之人，平日即宜留意，或疏浚河道，毋使积污；或广凿井泉，毋使饮浊，直可登民寿域。"

二、净水与防护

2004 年浙江永嘉县溪口乡溪二村发现了一套

400多年前明朝晚期保留完好的古代"沉淀—过滤—活性碳"净水系统。它由5个大小不一、排列有序的水池组成。大的水池8米^2，小的仅1.56米^2。考古人员赶赴现场发掘后发现，整个水池的四壁均用大块鹅卵石垒砌而成，5个水池深度不一，最深的0.75米，最浅的0.58米。原水从距村子七八百米远的山麓用陶制水管引入进入1号池。这是一个铺满砂石、瓦砾的池子，长1米多，宽约50厘米，水经过过滤和沉淀后，再流进2号池。这个池子全部用砖头砌成，里面铺的是木炭。这是否是最早采用的"沉淀—过滤—活性碳"处理的工艺，有待考证。不过这套具有现代净水处理工艺的雏形，让人惊叹不已。水流过这两个池子后，通过池底的水管流进3号池。3号池是5个池中最大的一个，它是一个边长约2米的正方形池子，深约1米。可能是储水用的"清水池"，也可作为"消防水池"使用。这个池的水溢出后，再流进4号池。该池呈"凹"字形，水池周边用砖镶嵌，底下用三块圆形的石块铺平，储存的水用于饮用。它的造型最为精致。5号池则是用来洗涤物品的，池底有小排水孔专用于排放污水。

在400多年前交通闭塞的山区，当地村民就能设计建造出功能如此齐全的"净水系统"，说明我国古代劳动人民在建筑工程和水处理工艺上已具有很高的水平。现代科学证实，古人所用的措施，有的包含着混

▲ 永嘉县保留完好的明朝晚期净水系统

凝沉淀的机理，有的包含着杀菌消毒的机理，有的两者兼有之，都符合了现代处理污水的原则，至今仍有着较高的实用价值。

▲ 古代水井大都设有水裙、井盖来避免脏物及虫害

1. 水井防护

对于饮用水，我国使用最早、最广泛的卫生防护措施就是水井，距今已有几千年的悠久历史，历代都重视水井的修建保护。古时水井大都设有水裙、井盖等保护设施，以避免脏物及虫害落入井中。还要每年对水井进行浚淘，清除水井沉积的污物、淤泥，以保持井水的卫生洁净，故有"井淘三遍吃甜水""夏至日浚井改水可去瘟病"的说法。

早在周代已有浚井、修井和澄清井水的记载。《周易·巽下坎上井卦》中记载：旧井的井底沉积了污秽之物，即不可饮，井栏破败漏水，或井水被其他物品污染，也不可饮，反之，涤污修漏之后，清井寒泉方可饮用，并规定：汲过水，如忘了盖井盖，应处罚。《周礼·夏官司马》中还提出"挈壶氏，掌挈壶，以令军井"，即是由挈壶氏掌管在周道旁设置的军用饮水站，这里包含了古代军旅饮水卫生的内容。

汉代的水井不但有井裙、井盖，还有井屋或井亭，甚至有的还有专人守护。汉代政府号召在每年一定时期普遍进行浚井工作，《后汉书·礼仪志》云："夏至日浚井改水。"《管子·禁藏篇》亦谓："当春之月，揉井易水，所以滋毒也。"《轻重己篇》说："石冬画而春始，瑾灶泄井，所以寿民也。"这些活动对清洁水源具有重要意义。

小贴士

明矾净水

明矾溶于水后会产生化学反应，生成的氢氧化铝胶体吸附能力很强，可以吸附水里悬浮的杂质，并形成沉淀，使水澄清。

明矾净水的基本原理是明矾在水中能电离出铝离子，铝离子与水电离产生的氢氧根结合，产生氢氧化铝胶体，当氢氧化铝的正电荷和带负电荷的沉积物胶体相遇时，电荷在水中溶解中和，失去了电荷的胶粒，很快就会聚结在一起，粒子越结越大，终于沉入水底。

到了宋代，饮水卫生的观念进一步加强，据沈括《梦溪笔谈》记载，那时井旁多竖有护井公约。庄绰的《鸡肋编》有"纵细民在道路，亦必饮煎水"，群众已养成饮开水的习惯。

2.过滤沉淀

古人对防止水源污染也极为重视。绝不将污物粪秽堆积于饮用水源的附近，修建排污的沟渠也远远离开水源，以防粪秽污物进入，污染饮用之水。"饮水洁净，不得瘟病。"若饮用水混浊，则需净化后再饮用。古人常用的净化水方法有过滤净化法和沉淀净化法。过滤净化法就是让水通过砂石等过滤物料，滤去水中混悬物，使之澄清。沉淀法是在水中加入一定的药物，使水中的混悬物沉淀。

章穆《调疾饮食辩》中就记载："春夏大雨，山水暴涨，有毒。山居别无他水可汲者，宜捣蒜或白矾少许，投入水缸中，以使水沉淀净化。"古人还常用钟乳石、磁石、榆树皮、木芙蓉、杏仁、桃仁等物品净化饮用水。

沈括《忘怀录》中记载了用钟乳、磁石、雄黄、金纪玉等矿石消毒井水。盖钟乳石表面粗糙，凹凸不平，含有大量气孔，水中的杂质颗粒及细小绒体与钟乳石碰撞接触，被吸附于钟乳石表面，并形成生物滤膜，这种生物滤膜更加强了对水中微小粒子和病原体的吸附，从而使水体澄清。磁石可以吸附水中含铁的微粒，消除水体的褐色。由于磁石是一种铁的氧化物，其粉末在水中可以形成氢氧化铁胶体，从而能将水凝聚，并吸附悬浮物质。这些混凝物再加上雄黄的杀菌消毒作用，便可达到水质洁净。

李时珍《本草纲目·水部》记云："雨后水浑，须擂入桃、杏仁澄之。"据研究，桃仁、杏仁以及民间常用来净水的仙人掌、剑花、锦葵、木芙蓉、木棉树、榆树内白皮、地瓜叶、大蒜、马齿苋等植物，除含有杀菌抗毒的成分外，还因含有大量高分子多糖类黏液物质，遇水膨胀，形成胶体，具有较强的吸附能力，所以混凝或助凝效果很好。

3. 杀菌消毒

饮用水净化后还需消毒，杀灭去除水中的秽毒后可饮用。

《周礼》中记载，"往水中投掷热石可灭虫防疫"。饮用烧开的水也是我国人民的优良卫生习俗。

《养生要集》中写道："凡煮水饮之，众病无缘生也。"《齐民要术》中介绍茱萸可用于井水消毒。

《随息居饮食谱》中也记载：在井中加入"整块雄黄、整块明矾各斤许，以避蛇虫阴湿之毒，或加块朱砂数两尤妙"。水缸中则可"浸降香一二段，菖蒲根养于水面亦良"。

后魏贾思勰《齐民要术》中记载用茱萸叶消毒井水。

唐代孙思邈《千金要方》中记载用屠苏酒药渣消毒井水。我国人民自古有元旦日饮屠苏酒的习俗，以消灾避疫。

明代李时珍《本草纲目·水部》中记载有用煮沸以消毒井水。

清代张裕德《本草正义》中介绍用贯众消毒饮水，"故时疫流行，宜浸入水缸中，常饮则不传染，而井中沉一枚，不犯百毒，则解毒之功，尤其独著"。

小贴士

加热水净水

加热水是古人喝上健康水最简单、最便宜的方法，是古人经过长期实践发现的。容器是烧水的必备工具之一，但在人类生存的早期，只有纯天然的盛水工具，如葫芦之类的植物容器，因其耐不住高温，根本无法烧水。所以，先民们口渴急了想出办法，把小石子烧得滚烫放入水中，以此方式喝到热水。

小贴士

茱萸

茱萸，又名"越椒""艾子"，是一种双子叶植物纲、山茱萸目、山茱萸科、山茱萸属常绿带香的植物，具备杀虫消毒、逐寒祛风的功能。在古代，古人常常把茱萸作为祭祀、佩饰、药用、避邪之物。

小贴士

屠苏酒

屠苏酒已由《中国药典》收载，方名"屠苏液"，由赤木、肉桂、防风、粉草薢、花椒、桔梗、大黄、制川乌、赤小豆等组成。屠苏酒有温经、疏风、散寒、解毒之功，适用于预防感冒、风寒。

三、水质安全与检测

在漫长的古代社会中，由于科学技术条件所限，人们仅能通过对水的感官性状观察、分析来鉴别水质优劣。《淮南子·修务训》中记载："神农氏尝百草之滋味，水泉之甘苦，令民知所避就。当此之时，一日遇七十毒。"生动地反映出在远古时期，人们冒着中毒危险，用饮水品味这种原始的方法来检验水质。

在不断的摸索中，古人为鉴别水质积累了丰富的经验。清代不但有了较为明确的饮水卫生标准，而且还发明了具体的实验方法。首先是对水质的色与味提出了要求，如章穆《调疾饮食辩》曰："第一宜辨味，味甘而淡为优，咸者及作石气、泥气者为劣。次论色，色清如水晶为优，色白如米泔，及虽清而面有红、黄、紫沫者为劣。"《方舆胜览》曰："其泉一清、二冷、三香、四柔、五甘、六净、七不饐、八蠲疴。"不仅考究水的色、臭、味、温度、硬度、浑浊度，而且须有疗疾作用。

清代王士雄在《随息居饮食谱》中介绍了五种方法测试水质：

第一煮试：取清水置净器煮熟，倾入白瓷器中，候澄清，下有沙土者，此水质浊也。水之良者无滓，

▲ 清代王士雄介绍了五种方法测试水质

又水之良者，以煮物则易熟。

第二日试：清水置白瓷器中，向日下，令日光正射水，视日光中，若有尘埃氤氲如游气者，此水质不净也。水之良者，其澄澈底。

第三味试：水，元气也。元气无味，无味者真水，凡味皆从外合之。故试水以淡为主，味佳者次之，味恶为下。天泉最淡，故烹茶独胜，而煮粥不稠。

第四称试：有各种水，欲辨优劣，以一器更酌而衡之，轻者为上。

第五纸帛试：用纸或绢帛之类，色莹白者，以水蘸而干之，无痕迹者为上。于文，白水为泉，故水以色白为上。

◎ 第四节　古代诗词中话饮水

"饮水"一词在古诗词中很常见，除了字面意思"喝水"之外，还经常用来表达一些情感，如田园野鹤、生活凄苦、安贫乐道、清廉正义等。

一、田园野鹤

1.《田园言怀》（唐 李白）

贾谊三年谪，班超万里侯。何如牵白犊，饮水对清流。

2.《望蓬莱》（元 王哲）

重阳子，饮水得良因。洗涤尘劳澄净至，灌浇根本甲芽伸。滋养气精神。

恬淡好，甘露味投真。滴滴润开三教理，涓涓传透四时春。流转一清新。

3.《雪后饮水慧聚寺》 （宋 赵彦端）

雪后山更佳，冷松及修竹。茫然枝上鸟，伴我梦亦熟。

阴崖得寒乳，夜半胜酒渌。惜无同心人，共此一杯玉。

二、生活凄苦

1.《伤歌行四首》 （宋 黄庭坚）

诸妹欲归囊褚单，值我薄宦多艰难。为吏受赇恐得罪，啜菽饮水终无欢。

永怀遂休一夜梦，谁与少缓百忧端。古人择婿求过寡，取妇岂为谋饥寒。

2.《题陈季壁》 （唐 钱起）

郢人何苦调，饮水仍布衾。烟火昼不起，蓬蒿春欲深。

前庭少乔木，邻舍闻新禽。虽有征贤诏，终伤不遇心。

3.《仙游潭五首·北寺》 （宋 苏辙）

君看潭北寺，何用减潭南。不到还能止，重来独未厌。

荒凉增客思，贫病觉僧惭。饮水寒难忍，谁言栢子甘。

三、安贫乐道

1.《白发》 （宋 陆游）

萧萧白发濯沧浪，剡曲西南一草堂。饮水读书
贫亦乐，杜门养病老何伤。

已成五亩扶犁叟，谁记三朝执戟郎！正似篱边
数枝菊，岁残犹复耐冰霜。

2.《饮水》 （宋 张嵲）

玉池漱液自芳鲜，记得当初病渴年。抒井只应
供爨用，不须全是凤门泉。

3.《梅花》 （宋 陆游）

欲与梅为友，常忧不称渠。从今断火食，饮水
读仙书。

四、清廉正义

1.《赠裴南部，闻袁判官自来欲有按问》 （唐 杜甫）

尘满莱芜甑，堂横单父琴。人皆知饮水，公辈
不偷金。梁狱书因上，秦台镜欲临。独醒时所嫉，
群小谤能深。即出黄沙在，何须白发侵。使君传旧德，
已见直绳心。

2.《上张舍人》 （唐 方干）

海内芳声谁可并，承家三代相门深。剖符已副
东人望，援笔曾传圣主心。

此地清廉惟饮水，四方焦热待为霖。他年莫学
鸱夷子，远泛扁舟用铸金。

3.《送张太博知岳州》 （宋 司马光）

严风秀木折为薪，得罪由来为出群。粥粥黄鸡憎鹤介，芃芃青蔓掩兰薰。

天资谗嫉多端巧，人极精明不易分。饮水岂言吴刺史，谤书翻似马将军。

波涛光涌动寒野，楼阁嶕峣压暮云。红叶寺深秋暖见，苍山钟迥夜清闻。

何妨绝境聊为中，正恐中朝亟用君。身外百愁俱掷置，放歌沈饮且醺醺。

◎ 第五节 饮水成语与小典故

▲ 丰子恺艺术作品《饮水思源》

1. 饮水思源

【解释】 喝水的时候想起水是从哪儿来的。比喻不忘本。

【出处】 北周·庾信《徵调曲》："落其实者思其树，饮其流者怀其源。"

2. 饮水忘源

【解释】 喝水的时候忘记了水是从哪儿来的。比喻人处境优越时忘其所由来。

【出处】 清·李渔《闲情偶寄·草本·菊》："饮水忘源，并置汲者于不问，其心安乎？"

3. 啜菽饮水

【解释】 啜：吃；菽：豆类。饿了吃豆羹，渴了喝清水。形容生活清苦。亦作"饮水食菽""饮水啜菽""啜菽饮水"。

【出处】《荀子·天论》："君子啜菽饮水，非愚也，是节然也。"《礼记·檀弓下》："孔子曰：啜菽饮水尽其欢，斯之谓孝。"

4. 饭蔬饮水

【解释】 形容清心寡欲、安贫乐道的生活。同"蔬水曲肱"。

【出处】《论语·述而》："子曰：饭疏食饮水，曲肱而枕之，乐亦在其中矣。不义而富且贵，於我如浮云。"

【典故】《蓦山溪（赵昌父赋一丘一壑，格律高古，因效其体）》词："饭蔬饮水，客莫嘲吾拙。高处看浮云，一丘壑、中间甚乐。"

5. 饮水栖衡

【解释】 喝水充饥，住简陋房屋。形容生活清苦。

【出处】《旧唐书·崔慎由传》："属岁兵荒，至于绝食，弟兄采侣拾橡实，饮水栖衡，而讲诵不辍，怡然终日。"

6. 如人饮水，冷暖自知

【解释】 泛指自己经历的事，自己知道甘苦。

【出处】 唐·裴休《黄蘗山断际禅师传心法要》："明于言下忽然默契，便礼拜云：'如人饮水，冷暖自知，某甲在五祖会中，枉用三十年工夫。'"

第二章

饮用净水方思源——源头保护

◎ 第一节 饮用水水源地分类

一、概念

饮用水水源地一般是指提供城乡居民生活及公共服务用水（如政府机关、企事业单位、医院、学校、餐饮业、旅游业等用水）取水工程的水源地域，包括河流、湖泊、水库、地下水等。广义的水源地还包括河流源头地区。

二、分类

根据供水的水体类型，可分为地表水水源地和地下水水源地。以供水人口数为分界线，分为分散式饮用水水源地（供水人口一般小于 1000 人）和集中式饮用水水源地（供水人口一般大于 1000 人）。

▲ 北京密云水库是华北地区最大水库，也是北京地表饮用水水源地

三、保护制度

我国《水污染防治法》《饮用水水源保护区污染防治管理规定》和《饮用水水源保护区划分技术规范》（HJ 338—2018）等规定，国家建立饮用水水源保护区制度。饮用水水源保护区是国家为保护水源洁净而划定的加以特殊保护、防止污染和破坏的一定区域。

四、水源地保护区划分

饮用水水源保护区可分为地表水水源保护区和地下水水源保护区。根据水源地环境特征和水源地的重要性，地表水饮用水水源保护区分为一级保护区和二级保护区，必要时也可在二级保护区范围外设置准保护区。地下水水源保护区是指地下水水源地的地表分区，分为一级保护区和二级保护区，必要时也可在二级保护区范围外设置准保护区，准保护区范围为地下水水源的补给、径流区。

五、标准

1. 地表水饮用水水源

一级保护区的水质标准不得低于国家规定的《地表水环境质量标准》（GB 3838—2002）中的Ⅱ类标准，并须符合国家规定的《生活饮用水卫生标准》（GB 5749—2006）的要求。二级保护区的水质标准不得低于国家规定的《地表水环境质量标准》（GB 3838—2002）中的Ⅲ类标准，并保证流入一级保护区的水质满足一级保护区水质标准要求。准保护区的水质应保证流入二级保护区的水质满足二级保护区水质标准要求。

并不是所有的水都可以作为饮用水，只有当水质达到或优于Ⅲ类的水源才可以作为饮用水水源。特殊情况下，因取水水源限制，经过水厂净化可满足饮用水水质标准的水源也可以作为饮用水水源。地表水水质类别划分见下表。

地表水质类别	地表水域功能
Ⅰ类	主要适用于源头水、国家自然保护区
Ⅱ类	主要适用于集中式生活饮用水地表水水源地一级保护区、珍稀水生生物栖息地、鱼虾类产卵场、仔稚幼鱼的索饵场等
Ⅲ类	主要适用于集中式生活饮用水地表水水源地二级保护区鱼虾类越冬场、洄游通道、水产养殖等渔业水域及游泳区
Ⅳ类	主要适用于一般工业用水区及人体非直接接触的娱乐用水区
Ⅴ类	主要适用于农业用水区及一般景观要求水域

▲ 地表水水质类别划分表

2. 地下水饮用水水源

地下水饮用水水源保护区（包括一级保护区、二级保护区）和准保护区水质各项指标不得低于《地下水质量标准》（GB/T 14848）的相关要求。

地下水水质类别	地下水域功能
Ⅰ类	主要反映地下水化学组分的天然低背景含量。适用于各种用途
Ⅱ类	主要反映地下水化学组分的天然背景含量。适用于各种用途
Ⅲ类	以人体健康为依据。主要适用于集中式生活饮用水水源及工农业用水
Ⅳ类	以农业和工业用水要求为依据。除用于农业和工业用水外，适当处理后可作生活饮用水
Ⅴ类	不宜饮用，其他用水可根据使用目的选用

▲ 地下水水质类别划分表

◎ 第二节 水源地保护区划分

一、饮用水水源地保护区划分

1. 河流型饮用水水源保护区

（1）一般河流。

1）一级保护区。

水域范围：为取水口上游不小于1000米，下游不小于100米的河道水域。一级水源保护区水域宽度为多年平均水位对应的高程线下的区域作为保护区水域的宽度。

陆域范围：①陆域沿岸长度不小于相应的一级

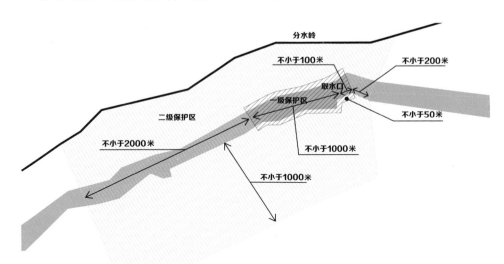

保护区水域河长。②陆域沿岸纵深与河岸的水平距离不小于50米，但不超过流域分水岭范围。对于有防洪堤坝的，可以防洪堤坝为边界，并采取措施，防止污染物进入保护区内。

2）二级保护区。

水域范围：在一级保护区的上游侧边界向上游

▲ 一般河流保护区划分图

延伸不得小于 2000 米，下游侧外边界应大于一级保护区的下游边界且距取水口不小于 200 米。水域宽度为多年平均水位对应的高程线下的水域，对于有防洪堤坝的河段，二级保护区水域为防洪堤坝内的水域。

陆域范围：①陆域沿岸长度不小于相应的二级保护区水域长度。②陆域沿岸纵深与河岸的水平距离不小于 1000 米，但不超过分水岭范围。对于流域面积小于 100 千米² 的小型流域，二级保护区可以是整个集水范围。对于有防洪堤坝的，可以防洪堤坝为边界。

（2）潮汐河段。

1）一级保护区。

水域范围：一级保护区上、下游两侧范围相当，其单侧范围不小于 1000 米。

陆域范围：①陆域沿岸长度不小于相应的一级保护区水域河长。②陆域沿岸纵深与河岸的水平距离不小于 50 米，但不超过流域分水岭范围。对于有防洪堤坝的，可以防洪堤坝为边界；并采取措施，防止污染物进入保护区内。

2）二级保护区。

二级保护区采用数值模型计算法，按照下游的污水团对取水口影响的频率设计要求，计算确定二级保护区范围。

（3）通航河道。

1）一级保护区。

水域范围：水域长度同一般河流。枯水期水面宽度不小于 500 米的通航河道一级保护区宽度以河道中泓线为界靠取水口一侧范围，枯水期水面宽度小于 500 米的通航河道，一级保护区水域为除航道线外的整个河道范围；非通航河道为整个河宽。

陆域范围：同一般河流的划分方法。

2）二级保护区。

同一般河流的划分方法。

准保护区参照二级保护区的划分。

2. 湖泊、水库饮用水水源保护区

水库型（小型水库、中型水库、大型水库）：小型水库 $V<0.1$ 亿米^3；中型水库 0.1 亿米$^3 \leqslant V<1$ 亿米^3；大型水库 $V \geqslant 1$ 亿米^3。

湖泊型：小型湖泊 $S<100$ 米^2；大中型湖泊 $S \geqslant 100$ 米^2。

（1）小型水库及单一供水功能的湖泊、水库。

1）一级保护区。

水域范围：应将多年平均水位对应的高程以下的全部水域划为一级保护区。

陆域范围：为一级保护区水域外不小于 200 米的范围，或一定高程线以下的陆域，但不超过流域分水岭范围。

2）二级保护区。

水域范围：一级保护区水域外面积设为二级保护区。

陆域范围：小型水库可将上游整个流域（一级保护区外区域）设定为二级保护区；单一功能的湖泊，水库为一级保护区以外水平距离不小于 2000 米的区域。

（2）小型湖泊、中型水库。

1）一级保护区。

水域范围：取水口半径不小于 300 米范围内的区域。

陆域范围：一级保护区水域外不小于 200 米的

(a)我是小型水库，我最小，超过0.1亿米³的水就不能让我装啦。

(b)我是中型水库，超过0.1亿米³的水我来装，但是不能超过1亿米³哦。

(c)我是大型水库，水量超过1亿米³就来找我哦。

▲ 水库分类的标准

范围，或一定高程线以下的陆域，但不超过流域分水岭范围。

2）二级保护区。

水域范围：一级保护区水域外面积设为二级保护区。

陆域范围：一级保护区以外水平距离不小于2000米的区域，其中中型水库二级保护区的范围为水库周边山脊线以内（一级保护区以外）及入库河流上溯不小于3000米的区域，二级保护区陆域边界不超过相应的流域分水岭。

（3）大中型湖泊、大型水库。

1）一级保护区。

水域范围：取水口半径不小于500米范围的区域。

陆域范围：一级保护区水域外不小于200米范围的陆域，但不超过流域分水岭范围。

2）二级保护区。

水域范围：一级保护区外径向距离不小于2000米的水域面积，但不超过水域范围。

陆域范围：一级保护区外径向距离不小于3000米的区域为二级保护区范围，陆域边界不超过相应的分水岭。

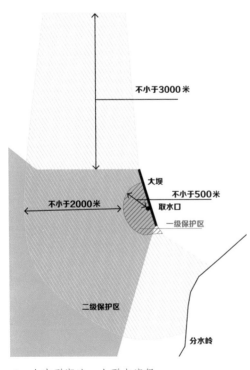

▲ 大中型湖泊、大型水库保护区划分图

3. 地下水型饮用水水源保护区

（1）一级保护区。

一级保护区范围应不小于卫生防

护区的范围，边界与水源地间水质点迁移100天的距离外包线范围为一级保护区。不考虑水文地质条件，以固定的半径圈定面积，对于多井的水源地按外包线作为一级保护区范围。以取水口为圆心，半径通常为300米的区域，对于泉水为一个半圆。岩溶区半径相应适当加大，细粒含水层和出水量小的水源地半径可以适当减小。

（2）二级保护区。

地下水水源地集水区扣除一级保护区后的剩余部分为二级保护区，即水源地开采漏斗影响范围区。二级保护区范围推荐半径为1000米区域，岩溶地区、泉水和出水量较小的水井可根据实际情况做相应的改变。

（3）准保护区。

准保护区按水文地质条件的补给、径流区来划分边界范围。岩溶水可不划定准保护区。孔隙水根据地下水的补给区范围和径流区范围，确定准保护区。裂隙水一般多为承压水，其准保护区范围只划定补给区作为准保护区范围。

（4）其他特殊类型水源地。

1）如果饮用水水源一级保护区或二级保护区内有支流汇入，应从支流汇入口向上游延伸一定距离，作为相应的一级保护区和二级保护区，划分方法可参照河流型水源地保护区划分方法划定。根据支流汇入口所在的保护区级别高低和距取水口距离的远近，其范围可适当减小。

2）非完全封闭式饮用水输水河（渠）道应划为一级保护区，其宽度范围可参照河流型保护区划分方法划定，在非完全封闭式输水河（渠）道及其支流、

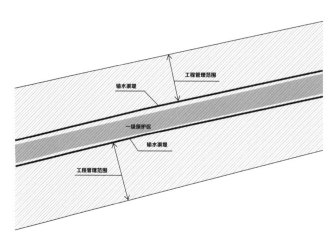

▲ 非完全封闭式饮用水输水河（渠）道

高架、架空及其周边无汇水的渠道可设二级保护区，其范围参照河流型二级保护区划分方法划定。

3）湖泊、水库为水源的河流型饮用水水源地，其饮用水水源保护区范围应包括湖泊、水库一定范围内的水域和陆域，保护级别按具体情况参照湖库型水源地的划分办法确定。

4）入湖、库河流的保护区水域和陆域范围的确定，以确保湖泊、水库饮用水水源保护区水质为目标，参照河流型饮用水水源保护区的划分方法确定一、二级保护区的范围。

二、饮用水水源地保护区的要求

1. 一级水源保护区要求

（1）禁止设置排污口。

（2）禁止新建、改建、扩建与供水设施和保护水源无关的建设项目（违者由县级以上地方人民政府环境保护主管部门责令停止违法行为，处 10 万元以上 50 万元以下的罚款；并报经有批准权的人民政府批准，责令拆除或者关闭）；已建成的与供水设施和保护水源无关的建设项目，由县级以上人民政府责令拆除或者关闭。

（3）禁止从事网箱养殖、旅游、游泳、垂钓或者其他可能污染饮用水水体的活动（违者由县级以

与供水设施和保护水源无关的建设项目

排污口

网箱养殖、垂钓、游泳

倾倒污物

可能污染饮用水水体的活动

▲ 水源地保护区明令禁止的各项活动示意

上地方人民政府环境保护主管部门责令停止违法行为，处 2 万元以上 10 万元以下的罚款；个人在保护区内游泳、垂钓或者从事其他可能污染饮用水水体的活动的，由县级以上地方人民政府环境保护主管部门责令停止违法行为，可以处 5 百元以下的罚款）。

2. 二级水源保护区要求

（1）禁止设置排污口。

（2）禁止在保护区内新建、改建、扩建排放污染物的建设项目；已建成的排放污染物的建设项目，由县级以上人民政府责令拆除或者关闭。

（3）在保护区内从事网箱养殖、旅游等活动的，应当按照规定采取措施，防止污染饮用水水体。

（4）在保护区内新建、改建、扩建排放污染物的建设项目的，由县级以上地方人民政府环境保护主管部门责令停止违法行为，处10万元以上50万元以下的罚款；并报经有批准权的人民政府批准，责令拆除或者关闭。

▲ 饮用水水源保护区规范要求

▲ 饮用水水源保护区界标

3. 准保护区要求

（1）禁止在准保护区内新建、扩建对水体污染严重的建设项目；改建建设项目，不得增加排污量。

（2）根据保护饮用水水源的实际需要，在准保护区内采取工程措施或者建造湿地、水源涵养林等生态保护措施，防止水污染物直接排入饮用水水体，确保饮用水安全。

（3）如发现在准保护区内新建、扩建对水体污染严重的建设项目，或者改建建设项目增加排污量的，将由县级以上地方人民政府环境保护主管部门责令停止违法行为，处10万元以上50万元以下的罚款；并报经有批准权的人民政府批准，责令拆除或者关闭。

三、饮用水水源地保护区的标志

1. 界标

饮用水水源保护区界标。是在饮用水水源保护区地理边界设立的标志，用以标识饮用水水源保护区的范围，并警示人们需谨慎行为。以饮用水水源一级保护区为例，对于普通民众来说，进入饮用水水源一级保护区范围内，就禁止从事网箱养殖、旅游、游泳和垂钓等可能污染饮用水水体的活动了。

2. 道路警示牌

饮用水水源保护区道路警示牌，提示过往车辆和行人已驶入或驶离饮用水水源保护区，千万要谨慎驾驶。

3. 航道警示牌

饮用水水源保护区航道警示牌，提示过往船舶谨慎行驶，饮用水水源一级保护区内还可增设"禁止船舶停靠"的警示牌。

饮用水水源保护区宣传牌，各地政府可根据实际需求设计宣传牌上的图形和文字，如介绍当地饮用水水源保护区的地形地貌、划分情况、保护现状、管理要求等。

▲ 饮用水水源保护区界标正反面图

▲ 饮用水水源保护区一般道路警示牌示意图

◎ 第三节 水源保护经验案例

一、密云水库保护经验

密云水库作为北京最大的地表饮用水水源地，是保障首都水源安全的"稳定器"和"压舱石"。保护好密云水库的水质安全，离不开水库上游京冀两地人民的共同努力。近年来，北京市与河北省联手打造三道防线，为密云水库水质安全提供了全方位保障。

第一道防线：上游源头京冀百万亩水源涵养林为密云水库筑起生态屏障。密云水库上游有潮河和白河两大支流，潮河发源于河北省丰宁县，经过丰宁县、滦平县部分地区汇入密云水库；白河发源于河北省沽源县，经赤城县、北京市延庆区、怀柔区、密云区注入密云水库。自 2009 年开始，北京市园林绿化局与河北省承德市、张家口市林业部门共同实施了京冀生态水源保护林工程。截至 2019 年年底，该项目总计完成 100 万亩林带建设任务，森林覆盖率由 37.7% 提高到 44.3%，初步形成护卫京冀水源的绿色生态带，为阻挡泥沙下山筑起了一道生态屏障。

第二道防线：上游流域三区两市勠力同心共建"保水共同体"。密云水库流域总面积近 1.6 万千米^2，其中河北境内近 1.2 万千米^2，北京境内约 0.4 万千米^2。2018 年 11 月，北京市与河北省政府共同签署了《密云水库上游潮白河流域水源涵养区横向生态保护补偿协议》，张家口和承德两市共同开展"山水林田湖草"一体化保护试点工作，包括生态清洁小流域建设、河滨带、库滨带生态治理等。2019 年

7月，密云、怀柔、承德三地开展潮河流域生态环境联建联防联治合作，2020年9月，白河流域的延庆和张家口纳入流域管控小组。至此，密云水库上游的三区两市正式联手，组成"保水共同体"，通过建立跨界水体统一监测机制、污染源动态管理排查、联合执法、跨界突发水环境污染事件、环境应急资源共享等方式，开启了京冀两地协同合作保护水源、保护生态的新篇章。

▲ 南水北调中线渠首水质照片

第三道防线：河长巡查机制为密云水库构筑"双保险"。密云水库管理处通过河长制工作规范管理流域内大大小小96条河流的涉河垃圾、养殖、排污、违法建设等水环境问题，为水库环境上了一道"双保险"。推行网格化管理，密云水库一级保护区273千米^{2}划分为160个保水网格，网格化管理与河长制相结合，消除监管盲区。库区全封闭管理，建设305千米围网。打造智能监控系统，布设394个监控点位、1个指挥中心和8个分控中心，进行24小时监控。

二、丹江口水库保护经验

（1）在优化流域空间管控格局上，根据不同区域对丹江口水库水质的影响，将水源区划分为水源地安全保障区、水质影响控制区和水源涵养生态

注：1亩 ≈ 0.067公顷。

建设区三类地区，实施分区分类管控，推动建立流域空间管控体系，衔接"三线一单"生态环境分区管控要求，规范资源开发利用、生产力布局、产业结构调整、重大项目选址建设等经济活动。

（2）在深化水污染系统治理方面，深入开展水污染防治行动，强化农业面源、工矿、城乡生活多污染物协同控制和全域系统治理，推进城镇污水处理设施全覆盖，打造洁净库区，建设清洁流域。

（3）在大力推进生态保护与修复方面，紧扣提升水源涵养能力和水土保持目标任务，采取最严格的生态环境保护制度，按照"山水林田湖草"一体化保护修复理念，提高生态系统质量和稳定性，建设山美水美、生机盎然、人与自然和谐相处的水源区生态体系。

（4）在强化水资源保护方面，坚持节水优先、还水于河，牢固树立水危机意识，大力推进工农业和生活领域节水，减少对河湖水等天然水资源的过度开发利用，提高水资源循环使用和重复利用水平，促进经济社会健康可持续发展。

（5）在推动水源区高质量发展方面，深化农业供给侧结构性改革，培育文化旅游新业态新模式，巩固壮大制造业发展根基，锻造绿色低碳发展长板，不断丰富完善生态产品价值实现路径，以高质量发展促进生态环境保护，拓展水源区发展空间。

（6）在严防严控生态环境风险方面，牢固树立风险意识，增强底线思维，以确保水源区水质安全为刚性约束，完善"一河（湖）一图一策"应急预案，建立健全重点风险源评估预警和应急处置机制，强化重点区域污染监控预警，提高环境风险防控和应急处置能力。

三、南水北调中线工程水质保护经验

南水北调中线工程从丹江口水库调水，输水干渠地跨河南、河北、北京、天津4个省（直辖市），输水干渠总长1277千米，天津输水支线长155千米。截至2021年7月19日，南水北

调中线工程累计调水量达400亿米³，已成为京津冀豫沿线城市地区的主力水源，直接受益人口约7900万人。为了保障供水水质，建立了水质监测、水质应急及科技保障三大水质保障体系。

（1）水质监测体系：水质监测体系由1个中心、4个实验室、13个自动监测站、30个固定监测断面组成。水质保护中心负责沿线的水质保护工作；渠首、河南、河北、天津有4个固定实验室定期对输水水质进行全指标"体检"；13个自动监测站实时监控水质状况；30个固定监测断面全面承担水质定点定时监测。全线配备2台移动应急监测车，应对突发水污染事件的应急监测。从丹江口到京津，全线水质监测工作由点到线到面，网络化、立体化的水质监测实现了对中线水体的"全面体检"。

（2）水质应急管理体系：水质应急管理体系由应急预案、应急队伍、应急物资组成。《南水北调中线干线工程水污染事件应急预案》等规章制度规定了突发水污染事件的分级、报告、响应、处置等内容；应急处置队伍负责突发事件的现场抢险救援工作；渠道沿线设置若干应急物资库，储备围油栏、吸油毡、活性炭等常用应急物资。此外，定期

联合地方政府组织开展了大规模水污染应急演练，为应对突发水污染事件积累了实战经验，提高了应急处置能力。

（3）科技保障体系：针对输水过程中水质可能出现的问题，科研人员开展了大量的科学研究，比如"以鱼净水"等生态实验研究，组织研发了全断面智能拦藻、一体化可移动式清淤装置等一系列水质专用设备设施，助力水质保障。

◎ 第四节 优质水源地之赏析

▲ 丹江口水库

一、湖北丹江口水库

湖北丹江口水库是亚洲最大的人工淡水湖，有"亚洲天池"之誉,位于长江流域汉江中上游，水源来自于汉江及其支流丹江，水域横跨鄂、豫两省，由湖北境内的汉江库区和河南境内的丹江库区两大部分组成，库区面积846千米^2，水位最深达80余米。丹江口水库是20世纪50年代末期国家兴建的综合开发和治理丹江口的水利枢纽工程，是丹江口大坝下闸后拦截汉江蓄水而形成，是我国南水北调中线工程的水源地。

南水北调中线工程向河南、河北、北京、天津4个省（直辖市）的20多座大中城市供水，一期工程年均调水95亿米^3，中远期规划每年调水量将达

130 亿米^3，将有效缓解中国北方水资源严重短缺的困境。丹江口水库属于国家一级水源保护区，库区水质一直稳定在国家Ⅱ类及以上标准。南水北调丹江口库区内的 28 个水质指标全年大部分时间都符合国家Ⅰ类标准，仅在汛期总磷和高锰酸盐两项指标属于国家Ⅱ类标准，高于调水要求的Ⅲ类水质标准。

▲ 万绿湖

二、广东万绿湖

广东万绿湖又名新丰江水库，是 1958 年在新丰江流经的最窄山口——亚婆山峡谷修筑拦河大坝蓄水建造新丰江电厂的水利工程，湖面面积

▲ 泸沽湖

370 千米^2，库容量 139 亿米^3，是我国华南地区最大的人工湖，因处处是绿、四季皆绿而取名万绿湖。内有新丰江国家森林公园、河源新港镇省级自然保护区等著名景点，被誉为地球北回归线"沙漠腰带的东三奇"之一。湖水达到国家Ⅰ类地表水标准，可直接饮用，并通过东深供水工程间接供往香港。

三、云南泸沽湖

泸沽湖素有"高原明珠"之称，在行政区划上隶属四川省盐源县和云南省宁蒗县共同管辖，其中四川省盐源县管辖东部的 29.6 千米^2（含沼泽湿地 5.8

▲ 抚仙湖

千米²），云南省宁蒗县管辖西部的 27.0 千米²。泸沽湖距宁蒗县城有 73 千米，距丽江古城 200 千米左右，湖面面积 50 千米²，海拔 2690 米，平均水深 45 米，最深处达 93 米，透明度高达 11 米，最大能见度为 12 米，湖面水清澈蔚蓝，是云南海拔最高的湖泊，也是中国最深的淡水湖之一。

四、云南抚仙湖

抚仙湖位于云南省玉溪市澄江、江川、华宁三县间，距昆明 60 多千米，是珠江源头第一大湖，是我国最大的深水型淡水湖泊，是除东北长白山火山口湖——天池外我国已知的第二深水湖泊。湖形如倒置的葫芦状，两端大、中间小，北部宽而深，南部窄而浅，中呈喉扼形。湖面海拔高 1722.5 米，湖面面积 216.6 千米²，平均深度 95.2 米，最深处 158.9 米，湖容量达 206.2 亿米³，相当于 12 个滇池的水量、6 个洱海的水量，是太湖水量的 4.5 倍，占云南九大高原湖泊总蓄水量的 72.8%，占全国淡水湖泊总蓄水量的 9.16%。由于抚仙湖四周支流不多且分散，陆源腐殖质极少，悬浮物不多，为贫营养性湖泊；加之湖内和湖岸周围有大量的地下泉水涌出，湖水清澈纯净，水质极好。湖水 pH 值为 8.36，呈微碱性，湖的深水区为蓝绿色，湖水透明度平均为 8 米，最大可达 12.5 米，是我国内陆淡水湖中水质最好的湖泊之一。

五、杭州千岛湖

杭州千岛湖与加拿大金斯顿千岛湖、湖北黄石阳新仙岛湖并称 "世界三大千岛湖"。2009年，杭州千岛湖以1078个岛屿入选世界纪录协会 "世界上最多岛屿的湖"。杭州千岛湖又称新安江水库，位于浙江省杭州市下属淳安县境内，湖面面积567.4千米^2，最大深度108米，平均深度34米，容积178.4亿米^3，是建坝蓄水而成的人工湖，属1959年我国第一座自行设计、自制设备建造的水力发电站工程，因水库上游具有明显的 "湖泊效应"，且有大大小小的岛屿，因此称 "千岛湖"。千岛湖水在中国大江大湖中位居优质水之首，为国家一级水体，被誉为 "天下第一秀水"。

▲ 千岛湖

▲ 长白山天池

六、吉林长白山矿泉水区

长白山天池位于我国吉林省和朝鲜交界的长白山主峰火山锥体顶部，是我国最大的火山口湖，其湖面海拔高达2194米，比新疆天山天池高209米，创下了海拔最高的火山湖吉尼斯世界之最。天池水源一是来自大自然的降水——雨水和雪水，二是来自地下泉水。天池四周奇峰林立，池水碧绿清澈，是松花江、图们江、鸭绿江三江之源。长白山天然矿泉水是受中国国家地理标志（原产地域）的保护产品，有益矿物组分和微量元素含量适中，同欧洲的阿尔卑斯山和俄罗斯的高加索山并列为世界三大矿泉水产地。

第三章

水质提升变变变——净水处理

◎ 第一节 饮用水模式分类

一、大型集中式供水

大型集中式供水就是从大型稳定水源集中取水，经净化处理后通过管网运输配送到用户，也就是我们熟悉的自来水，这种供水方式安全性高，品质有保障，是城市供水的主要方式。

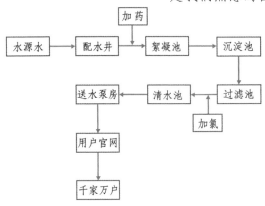

▲ 大型集中式供水模式示意图

这种供水模式通常是先取原水进入配水井，大而重的悬浮颗粒在此沉淀，通过与沉淀池连接的管道进入沉淀池。分配水进入沉淀池之前要经过管式混合器加入混凝剂进入絮凝池，原水中悬浮物和胶体杂质与混凝剂发生反应，产生絮状沉淀，部分絮状物在絮凝池内沉淀，而后缓缓进入沉淀区，经过沉淀区进一步沉淀后进入过滤池，水经过滤料层过滤后再通过管道流向清水池，进入清水池的过程中加入二氧化氯消毒溶液，清水池用于贮存净化消毒的清水，清水池的水通过加压泵进入输水管网再送到千家万户。

二、二次供水

城市水厂集中式供水完成的是初次供水。而对于城市高层社区，自来水要先进入储水水箱，经过再

▲ 城市水厂集中式二次供水示意图

度储存、加压、消毒或深度处理，然后通过管道或容器输送给用户，这种供水方式被称为二次供水，二次供水是高层供水的唯一选择方式。二次供水设施是否按规定建设、设计及建设的优劣直接关系到二次供水水质、水压和供水安全，与人民群众的生活密切相关。

二次供水设施主要为弥补市政供水管线压力不足，保证居住在高层人群用水而设立的。相比原水供水，二次供水的水质更容易被污染，二次供水容易引起生物性污染、化学性污染。生物性污染主要是由于溢水管铺设不合理、水箱设计不合理、卫生防护设施不完备等原因造成伤寒、甲肝、沙门菌及耶尔菌等污染。化学性污染主要是由于水箱材质不合理、供水设施设计不合理、不按要求清洗设备和未安装二次供水消毒设备等原因造成铁、"三氮"、有机物污染。

> **小贴士**
>
> **饮用水二次供水污染危害**
>
> 二次供水污染的直接结果是影响用户感官，使饮用者感到恶心、呕吐、腹胀、腹泻，严重的甚至发病。如受到钻入二次供水设备的虫子、老鼠等携带的病菌入侵，则二次供水水质将被严重污染，可导致二次供水系统用户发生集体性腹泻，危害人体健康。

三、乡镇小型集中式供水

乡镇小型集中式供水主要是指乡镇日供水在 1000 米^3 以下（或供水人口在 1 万人以下）的集中式供水，是目前农村地区最常用的生活饮用水供水方式，这种供水方式取水方便，能大大提高农村生活用水卫生水平，也便于实行卫生管理和监督。通常根据水源类型的不同，选择的水处理技术方案也不同，当饮用水水源为深井水，一般都很少做水质处理，而是直接供应到用户。当水源为地表水，而且水质非常好时，在水

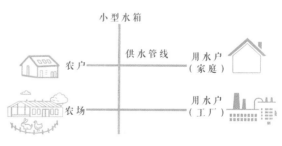

▲ 乡镇小型集中式供水示意图

(a)人力取水

(b)机器取水

▲ 农村分散式供水方式

源点进行投氯消毒处理后即可供应到用户。当水源无法满足直接饮用需求时，需要经过混合、沉降、过滤、消毒技术处理后才能供应到用户使用。

四、农村分散式供水

农村分散式供水是指农村分散住户直接从水源取水，依靠简易设施、简易消毒设备处理饮用水并进行供水的一种方式。主要适用于偏远山区，像人力取水、机器取水等都属于分散式供水。在我国部分丘陵山区农村，人居分散，受地理条件限制，很难建设集中式供水工程，只能采用分散式供水。农村分散式供水工程，多数为农户自建、自管、自用，水源为浅层地下水、泉水、集雨水、沟塘水、溪水等。这种供水普遍缺乏饮水处理设施，水质达标率很低，需要研发适合不同地域经济和水质污染特点、效果好、运行管理简便、成本低的分散式供水技术和设备。

农村分散住户都是自己找的非专业打井队给自家打井，无专业人员给予指导，在打井时很少考虑取水点的位置、水质优劣、周围环境等因素，因此会存在不同程度的水质问题。

五、桶装水和瓶装水

桶装水和瓶装水是以受保护的水源地如江、河、湖、海等地和市政自来水为来源，经过多道工序去除水中余氯、微生物、矿物质、有机成分、有害物质等且不含其他添加物，密封于容器中可直接饮用的水。市面上的桶装水和瓶装水主要包括饮用纯净水和饮用矿泉水。

1. 饮用纯净水

饮用纯净水是以符合《生活饮用水卫生标准》（GB 5749—2006）的水为水源，采用蒸馏法、电渗析法、反渗透膜法等去除水中的矿物质、有机成分及微生物等加工制成的水，主要以蒸馏水为主。

2. 饮用矿泉水

根据《饮用天然矿泉水标准》（GB 8537—1995）对饮用矿泉水的定义，饮用天然矿泉水是指从地下深处自然涌出的或经人工揭露的，未经污染的，含有一定的矿物盐、微量元素或二氧化碳气体的地下矿水。在通常情况下，其化学成分、流量、水温等在天然波动范围内相对稳定，允许添加二氧化碳气体。根据二氧化碳含量又可分为含气天然矿泉水、充气天然矿泉水、无气天然矿泉水和脱气天然矿泉水。

小贴士

天然矿泉水划分标准

锂　　　≥　0.2 毫克／升
锶　　　≥　0.2 毫克／升
锌　　　≥　0.2 毫克／升
偏硅酸　≥ 25 毫克／升
硒　　　≥　0.01 毫克／升
游离二氧化碳 250 毫克／升
溶解性总固体 1000 毫克／升

　　以上数据来源于《饮用天然矿泉水标准》（GB 8537—2018）。

◎ 第二节 净水工艺大揭秘

一、自来水厂处理工艺

自来水处理工艺根据原水来源和处理要求的不同，主要分为常规处理工艺和深度处理工艺，那么常规处理工艺和深度处理工艺具体包括哪些内容呢？

常规处理工艺包括混凝沉淀或澄清、过滤、消毒等单元技术，主要是去除水中悬浮物、胶体杂质和细菌。常规水处理工艺主要适用于原水水质混浊度长期不超过 500NTU，瞬时水混浊度不超过 1000NTU 的原水处理。自来水处理工艺常用反应池分为隔板反应池（平流式、竖流式、回转式）、涡流式反应池、机械式反应池、折板式反应池。

深度处理工艺就是在常规处理工艺之后增加的水处理工艺，目的是弥补常规处理工艺的不足，对水中的有毒有害物质进一步去除。深度处理方法有活性炭过滤法、臭氧—活性炭法、膜法、光催化氧化法等。

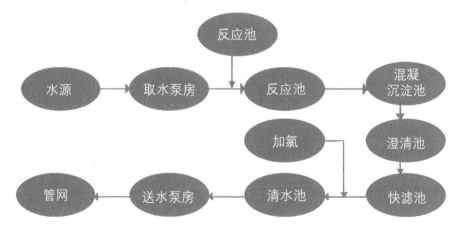

▲ 自来水常规处理工艺

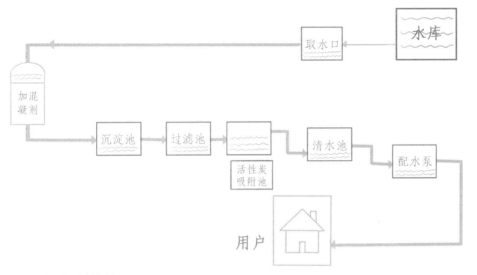

▲ 自来水深度处理工艺

1. 混凝剂的作用

在自来水处理中，为去除水中悬浮物和胶体杂质而投加的主要药剂叫混凝剂。混凝剂选用主要看其能否生成大、重、强的矾花，是否净水效果好、是否对水质有不良影响、价格是否便宜、货源是否充足、运输储存是否方便等。决定混凝剂投加量的因素主要是进水量、原水水质、原水的 pH 值（水的酸碱度）、原水水温。常用混凝剂有硫酸铝、三氯化铁、硫酸亚铁、聚合氯化铝、碱式氯化铝、聚丙烯酰胺。

在自来水处理中把能够与混凝剂配合使用，增大矾花的尺寸、重量和强度，提高净水效果的药剂称为助凝剂。助凝剂种类主要有酸碱类、矾花核心类、氧化剂类、高分子化合物类，水厂常用助凝剂有骨胶、活化硅酸、海藻酸钠、聚丙烯酰胺等。

水中酸碱度对混凝剂的处理效果有较大影响。混凝剂投入原水中后，由于水解的作用，水中氢离子的数量会增加，提高水的酸度，pH 值随之降低，这会阻碍水解过程的进行，不利于形成更多的铝或铁的氢氧化物胶体。因此，水中必须有一定的碱度，保证混凝剂投入水中能够充分水解，这样混凝效果才会更好。

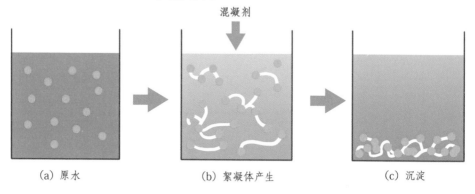

（a）原水　　　　　　（b）絮凝体产生　　　　　　（c）沉淀

▲ 絮凝过程

2. 活性炭的作用

活性炭是自来水净化处理中用到的重要材料，其能有效去除水中异味、天然合成溶解有机物、微污染物质。这是因为活性炭表面比较粗糙且空隙较大，大部分比较大的有机物分子和芳香族化合物等能够牢固地吸附在活性炭表面或空隙中，被活性炭带走；活性炭也对腐殖质、合成有机物和低分子量有机物有明显的去除效果。在实际处理中，会经常大量使用生物活性炭，这样能增加对水中溶解性有机物的去除效果，延长活性炭的再生周期，减少了运行费用。

二、桶装水和瓶装水处理工艺
1. 瓶装纯净水处理工艺

瓶装纯净水生产主要工艺流程如下页图所示。
第一级预处理采用石英砂介质过滤器，主要目的是去除原水中含有的泥沙、铁锈、胶体物质、悬浮物等颗粒在 20 微米以上对人体有害的物质；第二级预处理采用果壳活性炭过滤器，目的是为了去除水中的色素、异味、生化有机物，降低水的余氨值及农药污染和其他对人体有害的污染物；第三级预处理（阳离子软化器）采用优质树脂对水进行软化，主要是降低水的硬度，去除水中的钙镁离子（水垢）并可进行智能化树脂再生；第四级预处理采用双级 5 微米孔径精密过滤器使水得到进一步的净化，使水的浊度和色度达到优化，保证反渗透系统安全的进水要求。

净水设备主机采用反渗透技术进行脱盐处理，去除钙、镁、铅、汞对人体有害的重金属物质及其他杂质，降低水的硬度，脱盐率达 98% 以上，生产出达到国家标准的纯净水。杀菌消毒采用紫外线或臭氧进行消毒，为提高效果，应使臭氧与水充分混合，并将浓度调整到最佳比。杀菌消毒后的水进入到储水箱，之后采用全自动常压灌装机进行灌装。

小贴士

智能化树脂再生

智能化树脂再生也指离子交换树脂再生，它的工作原理是将原水通过钠型阳离子交换树脂，使水中的硬度成分钙离子、镁离子与树脂中的钠离子相交换，从而降低水中的钙离子、镁离子浓度，使水得到软化。而当离子交换树脂工作一段时间后，钠离子不断减少，交换能力下降，当系统检测到软化能力低于一定标准时，就会自动进行再生处理：用氯化钠溶液流过树脂，此时溶液中的钠离子含量高，功能基团会释放出钙、镁离子而与钠离子结合，这样树脂就恢复了交换能力。

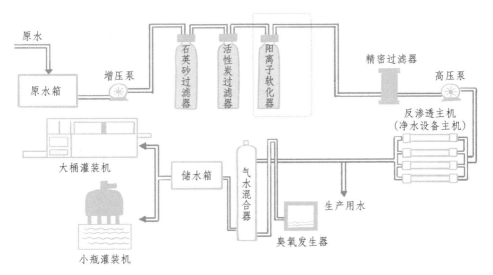

▲ 瓶装纯净水处理工艺流程图

2.瓶装矿泉水处理工艺

原水箱用于储存矿泉水原水。为保证工艺后续过程持续稳定的运行，原水泵的主要功能是使系统供水压力恒定，保障系统供水量稳定。石英砂过滤器是一种滤料采用石英砂作为填料的过滤器，有利于去除水中的杂质。它还具有过滤阻力小，比表面积大，耐酸碱性强，抗污染性好等优点，该过滤器可有效去除水中的悬浮物，并对水中的胶体、铁、有机物、农药、锰、细菌、病毒等污染物有明显的去除作用。

精密过滤器，筒体外壳一般采用不锈钢材质制造，内部采用PP熔喷、线烧、折叠、钛滤芯、活性炭滤芯等管状滤芯作为过滤元件，根据不同的过滤介质及设计工艺选择不同的过滤元件，以达到出水水质的要求。

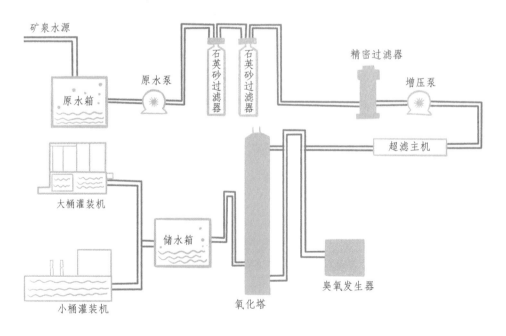

▲ 瓶装矿泉水工艺流程图

在超滤过程中，水溶液在压力推动下，流经膜表面，小于膜孔的溶剂（水）及小分子溶质透水膜，成为净化液（滤清液），比膜孔大的溶质及溶质集团被截留，随水流排出，成为浓缩液。

臭氧消毒灭菌不需要其他任何辅助材料和添加剂。包容性好，灭菌性强，同时还有很强的除霉、腥、臭等异味的功能。臭氧溶解于水中，几乎能够去除水中一切对人体有害的物质，比如铁、锰、铬、硫酸盐、酚、苯、氧化物等，还可分解有机物及灭藻等。

储水箱用于储存矿泉水出水，为保证后期灌装工艺流程提供充足的水源。灌装采用全自动常压灌装机进行灌装。

三、城市家庭净水工艺

随着我国人民生活水平的不断提高，人们开始逐渐关注安全、健康的生活饮用水方式。家用净水器是以城市自来水作为处理对象，是家庭自来水处理的最后一个环节，经过净水器处理后的自来水可直接饮用或用于厨房炊事用水。家用净水器的净化技术主要包括：活性炭为主的吸附法处理技术，微滤、超滤、反渗透为主的膜法处理技术，物理消毒为主的除菌处理技术等。

1. 活性炭吸附处理技术

用于家用净水器吸附技术所采用的吸附剂主要有活性炭、活性氧化铝、活性沸石等，通过吸附剂的吸附可以有效去除自来水中的消毒副产物、有机污染物，通过去除色度、异味从而改善口感。大部分净水器使用活性炭作为吸附介质，由于活性炭具有巨大的孔隙结构和大量的表面积，能够与水中的污染物质充分接触，使其进入到活性炭孔隙中去从而达到去除杂质的目的。活性炭的吸附效果好、速度快，但是在使用一段时间后，活性炭的孔隙被杂质所堵塞，吸附效果会逐渐降低，而且活性炭所吸附的有机物会发生生物氧化作用，造成出水中亚硝酸盐的含量增加，因此活性炭滤芯应定期更换。

2. 膜法净水技术

以微滤、超滤、反渗透为主的膜法净水技术是家用净水器的主要方法之一。微滤精度不高、孔隙较大，主要用在净水器的前置处理阶段，能够去除水中的泥砂、铁锈等大颗粒杂质，但不能去除细菌等小分子物质，通常安装在超滤膜和反渗透膜前面，以保护后续超滤膜等不被堵塞，延长使用寿命。超滤作为净水器的后续处理阶段，其过滤精度较高，不仅可以过滤泥砂、悬浮物等大颗粒杂质，还可以过滤细菌病毒、有机物等小分子物质，而对人身体有益的矿物质元素则被保留。超滤用于净水器的净水处理，具有成本低廉、产水量大、操作简便、不需任何化学药剂等优点，可以满足人们煲汤、做饭、洗菜等用水需求。反渗透净水技术是一种利用压差的膜分离技术，其精度高、出水水质好，可以去除水中的无机盐、各种金属离子、小分子的有机物、细菌病毒等物质，处理后的水成为真正的"纯水"，因此逐渐成为直饮水净化的技术主流，但是也存在着废水产生量大，自来水中有益无机矿物元素一起被去除的缺点。

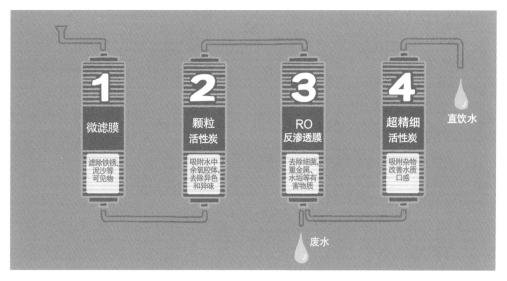

▲ 常用家庭净水器原理图

3.物理消毒净水技术

以紫外线为主的除菌消毒技术是净水器主要净水技术之一，该处理方法不需要添加任何化学药剂即可杀死各种病菌，而且杀菌速度快、杀菌效果好，基本上可以实现对所有水中细菌、病毒的杀除。由于自来水水质较好，可以提高紫外线的透光率，提高消毒效果，消毒过程中也不会产生副产物，因此具有广泛的应用前景。

◎ 第三节 消毒技术智多星

一、为什么要消毒

1854年，英国伦敦遭受霍乱菌的袭击，约翰·斯诺进行了流行病学研究，确认了水媒疾病的严重性和饮用水消毒的必要性。但是直到1880—1885年，路易斯·巴斯德确立了疾病的细菌理论后，人们才逐渐认识到水是消化道致病的重要媒介。

能感染人类的微生物主要有细菌、原生动物、寄生虫、病毒、真菌等五类，其中一些需要水生的宿主来完成其生命周期，另一些是以水为媒介来感染人类。

细菌的尺寸一般为 0.2 ~ 80 微米，通常病原细菌要小些，一般不超过 5 微米。一般细菌的等电点（表面不带电荷时）pH 值大都在 3.0 ~ 3.5，所以在常见的 pH 值范围内（pH=6.5 ~ 8.5），水中的大多数细菌是带负电的，因此有部分细菌能在水处理的混合沉淀工艺中被去除。

以水为媒介的传染病细菌主要有杆菌、弧菌、钩端螺旋体及其他病菌等。

对人类致病的原生动物主要有各种溶组织变形虫、贾第虫、隐孢子虫等。其虫体和卵囊的大小为 0.75 ~ 21 微米。

常见的危害人类的寄生虫有肠道寄生虫，如蛔虫、钩虫、绦虫、丝虫，以及肺吸虫、血吸虫、麦地那龙线虫等。

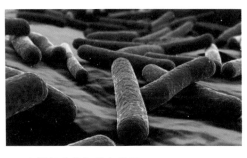

▲ 大肠杆菌的扫描电镜图

病毒的体积要比细菌小得多，大小范围约为 0.02 ~ 0.45 微米。病毒外部有蛋白质外壳保护内部的核酸，消毒剂必须进入外壳破坏核酸才能将病毒杀死。水可以传播病人的排泄物中的上百种病毒。

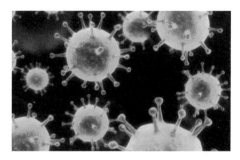

▲ 水中的肠道病毒

水中寄生性真菌一般并不通过水感染人类，但一些真菌可通过公共浴场和泳池形成皮肤交叉感染，如霉菌等。

二、常用消毒技术

饮用水消毒技术主要分为两类：物理法和化学法。

物理法一般是采用某种物理效应，如超声波、电场、磁场、辐射、热效应等作用干扰或破坏微生物的生命过程，达到消毒的目的。常用的物理法有加热、辐射、过滤、电场处理、磁场处理、超声波处理等。

化学法主要分为两大类：氧化型消毒和非氧化型消毒。氧化型消毒包括了目前常用的消毒剂的大部分，如氯、二氧化氯、臭氧等；非氧化型消毒包括了一些特殊的高分子有机化合物和表面活性剂，如季铵类化合物等。

氧化型消毒是通过灭活微生物的某种酶而起到消毒作用，或者通过氧化使细胞质产生破坏性降解。氧化型消毒在消毒历史上开发最早，其特点是杀菌力强、来源广泛、价格低廉。

非氧化型消毒的杀菌机理和氧化型消毒有所不同，它主要不是通过灭活某种微生物的生命物质来进行杀菌的，而是通过与细胞构成物质的结合来扰乱生物细胞的结构，改变这些构成物质的功能特性，使微生物的生活过程不能正常进行。如季铵盐可以溶解细胞膜的酯质，使细胞内部的生命物质泄漏，重金属离子能凝固细胞内的蛋白质等。

下面先来了解一下常见的消毒方法。

1. 氯消毒

水的氯化消毒是饮用水消毒中使用最为广泛、技术最成熟的方法。用氯对水消毒的方法早在一百多年前就开始使用。然而一开始氯是作为水的除臭剂而不是消毒剂使用的。据记载约1835年有建议在沼泽水中加氯使之适口。1897年，英国在伤寒流行之后使用漂白液对管网水进行消毒。将氯作为水常规处理工序，一般认为是从1902年开始的，比利时的莫里斯·杜克在滤前使用氯化石灰和高氯酸铁，应用于米德尔科克城的供水。1914年，氯化工艺被引进美国，作为助凝措施和消毒。而我国从20世纪20年代在上海也开始使用氯进行消毒。

氯消毒的原理为：氯渗透到细胞内部，与细胞的蛋白质、氨基酸反应生成稳定的氮－氯键结构，改变和破坏原生质。例如氯与类酯－蛋白质结合，氯与RNA结合，次氯酸与菌体蛋白和酶蛋白中的氨基、硫氢基等反应而达到杀菌作用。以及氯抑制细胞体内的呼吸氧化酶，使酶系统失活。

尽管已经发现氯消毒方法本身对人体健康有可能构成威胁，但是在现阶段，普遍认为这种潜在的威胁与水中病原体的危险性相比是相当小的，在相当长的一段时间内，氯仍然可能是欠发达地区使用最普遍的消毒剂之一。

知识拓展

关于氯消毒副产物

原水中存在各种类型的有机物。目前，我国99.5%的水厂采用氯消毒（美国等发达国家至今也仍用氯消毒），这是因为氯是强氧化剂，杀菌消毒效果好；有余氯能保持继续杀菌消毒；价格便宜、货源充足。但因此产生氯化消毒的副产物是不可避免的。

挥发性三卤甲烷（THMs）和难挥发性卤乙酸（HAAs）被认为是两大类主要氯化消毒副产物，它们对人体都具有潜在致癌性和一定的致突变性，是对人体危害最大的两类副产物。此外，还陆续从自来水中检测出多种其他氯化消毒副产物，如卤代酚、卤乙腈、卤代酮、卤乙醛、卤代硝基甲烷等。

人们是否感到自来水"很危险""不安全"，无法饮用了？实际上，任何物质都有一定量的界限。在某一定量范围内是安全的，不会危及人体的健康。为此，科技人员经过长期的试验和研究，科学而有依据地定出了有关副产物的限值。饮用水对于THMs一般是限制其总浓度，或限制水中三氯甲烷浓度。美国和英国的饮用水标准规定，自来水中THMs总浓度的最高允许值为100微克。1994年WHO（世界卫生组织）对自来水三氯甲烷和一溴二氯甲烷的参考浓度分别为200微克/米^{3}和60微克/米^3；二氯乙酸和三氯乙酸的参考浓度分别为50微克/米^{3}和100微克/米^3。

小贴士

三卤甲烷

三卤甲烷是在饮用水氯化消毒过程中，氯与水中的有机物所反应生成的主要挥发性卤代烃类化合物，包括氯仿、一溴二氯甲烷、二溴一氯甲烷和氯仿。1974年，科学家首次在饮用水中监测到三卤甲烷。在动物试验中证明主要具有致突变性和（或）致癌性，有的还有致畸性和（或）神经毒性作用，可引起肝、肾和肠道肿瘤。

71

美国 1997 年制订的《消毒副产物限制草案》中，自来水中的 THMs 的允许浓度定为 80 微克 / 米^3；HAAs 的最高允许浓度定为 60 微克 / 米^3，2000 年后 HAAs 又改为不得超过 40 微克 / 米^3。我国《生活饮用水卫生标准》规定，三卤甲烷总量不得超过 100 微克 / 米^3；卤乙酸总量不得超过 60 微克 / 米^3。

饮用水中消毒副产物未达到规定限值，是安全的，不会危害人体健康，可以放心饮用。

2. 二氧化氯消毒

1900 年就有人尝试用二氧化氯消毒。1944 年在尼亚加拉瀑布水厂得到大规模的应用，以控制酚味和臭味。20 世纪 50 年代开始二氧化氯逐渐在饮用水消毒领域得到应用。1970 年，二氧化氯被广泛接受为饮用水消毒剂，欧美数百家水厂都相继开始用二氧化氯作为消毒剂。中国国内是在近几年开始试行二氧化氯或二氧化氯 – 氯气混合消毒，取得了显著效果。

二氧化氯的消毒机理主要是氯氧化作用。一方面，能较好杀灭细菌、病毒，且不对动植物产生损伤，作用持续时间长，可保证较长时间的杀菌功效。另一方面，作用期间受 pH 影响不敏感，可除臭、去色。二氧化氯是一种强氧化剂，对细菌的细胞壁有较好的吸附和穿透性能，可以有效地氧化细胞酶系统，快速地控制细胞酶蛋白的合成，因此在同样条件下，对大多数细菌表现出比氯更高的去除效率，对很多病毒的杀灭作用强于氯，是一种较理想的消毒剂。

二氧化氯消毒优点：杀菌能力强、消毒快而耐久，消毒副产物少，有效的杀灭和水质控制效果，应用 pH 范围大，适用的水质范围广，氧化有机物能力强。

二氧化氯消毒缺点：消毒成本较高，制取设备比较复杂，对某些特殊水质不能适用，测定方法仍需改进和成熟，本身也有毒性。

3. 臭氧消毒

1840 年，一位德国的化学家克里斯蒂安·弗雷德里希·舍拜恩发明了臭氧消毒技术，最早的臭氧饮用水处理是从 19 世纪末在德国、荷兰和法国开始的。我国在新中国成立前曾使用过一台德国制造的臭氧发生器进行少量的饮用水处理，1964 年开始研究臭氧发生器，1969 年开始应用于实践。

臭氧是淡蓝色带有强烈刺激性气味的有毒气体，分子式为 O_3，具强氧化性，属易燃易爆品。臭氧消毒目前主要在欧洲国家应用较多，其消毒机理包括直接氧化和产生自由基的间接氧化，主要通过氧化来破坏微生物的结构，达到消毒的目的。因此消毒效果与其氧化还原电位直接相关。臭氧可将氰化物等有毒有害物质氧化为无害物质，作用速度快，效果明显。它还可以氧化溶解性铁、锰，形成不溶性沉淀，通过过滤可去除。臭氧还可以将生物难分解的大分子有机物氧化分解为易于生物降解的小分子有机物。

同样，臭氧消毒技术也有它的不足之处：臭氧与有机物反应生成不饱和醛类、环氧化合物等有毒物质，比如三溴甲烷、乙腈氰甲烷、1-1 二溴

小贴士

溴酸盐

正常情况下，水中不含溴酸盐，但普遍含有溴化物。当用臭氧对水消毒时，溴化物与臭氧反应，氧化后会生成溴酸盐。溴酸盐在国际上被定为 2B 类的潜在致癌物。

致癌物分类和定义

1 类	对人具有致癌性
2A 类	对人很可能致癌
2B 类	对人可能致癌
3 类	对人的致癌性尚无法分类

酮、溴酸盐、次溴酸、次溴离子等。这些副产物中最需要注意的是溴酸盐，其最大容许浓度极低，美国标准为 0.01 毫克 / 升。另外，三氯硝基甲烷和氯化氰也会产生，这几种物质的具体毒性还没有明确的定论。

虽然应用臭氧消毒也会有副产物生成，但一般情况下浓度不高，毒性也不如氯大。总的来说，臭氧消毒是一种比较好的给水消毒技术。

4. 紫外线消毒

1909—1910 年，紫外线消毒设备在法国马赛水厂实验性应用成功，规模为每小时 25 米³，至今在欧洲采用紫外线消毒的饮用水处理厂已超过 2000 座。人们发现紫外线在控制病原虫方面具有显著的效果，因此紫外线消毒逐渐成为净水处理中的重要手段。

日光照射是天然的消毒方法之一，人类在晾晒食物和物品的时候注意到日光有杀菌、除臭和漂白的作用，但很久以后才将这些效果归功于紫外线。人类发明的紫外线消毒设备中，最常见的紫外线源由水银蒸汽电弧灯产生，用石英玻璃或对紫外线透明的材料制造外壳。一般在消毒实践中采用的是 200 ~ 275 纳米波段的紫外线。

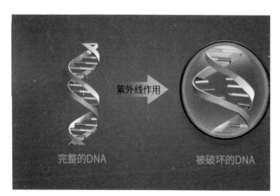

▲ 微生物细胞中的 DNA 被紫外线破坏

　　紫外线是一种波长在 100 ～ 400 纳米范围内的不可见光，通常波长低于 200 纳米的紫外线能有效地生成臭氧；200 ～ 280 纳米的范围是杀菌的波段，尤其在波长 253.7 纳米时杀菌能力最强。此波段与微生物细胞中的脱氧核糖核酸的紫外线吸收和光化学敏感性范围重合，通常认为紫外线能改变和破坏核蛋白质（DNA 和 RNA），导致核酸结构突变，改变了细胞的遗传转录特性，使生物体丧失蛋白质的合成和繁殖能力。

　　紫外线还能驱动水中各种物质的反应，产生大量的羟（qiāng）基自由基，还可以引起光致电离作用，这些物质和作用都能导致细胞死亡，从而达到消毒的目的。

5. 其他消毒技术

　　加热是最古老的饮用水消毒方法之一，加热杀菌的机理通常认为是细胞内的蛋白质和有机物（包括酶）的凝集变性，使对生物生命过程很关键的细胞器功能失效。

　　过滤也属于物理消毒的范畴，在水处理的历史上，曾经有采用慢滤池供水的水厂限制了霍乱和伤寒蔓延流行的事例，通常认为当出水浊度在 0.1NTU 时病原菌的去除率在 99.99%。过滤方式有深层过滤、生物膜过滤和膜过滤等。

三、新兴消毒技术

1. 超声波辐射技术

超声波辐射技术是一项发展前景很好的水处理技术，它在浮游生物的灭活、过滤膜及陶瓷滤芯的清洗等方面已有应用。高频率超声的主要作用就是将水体中的菌胶团解聚，然而对于细菌的灭活效果并不是太好，低频率的超声波才真正地具备消毒灭菌的效果，可是如果只想单纯地依靠超声波消毒，会面临可能出现的能耗较高的问题。因此，往往将超声波与紫外线联合应用进行消毒，这样不仅比单纯的超声波或紫外线消毒工艺节约能耗，而且能产生很好的消毒效果。

2. 光催化消毒技术

TiO_2 光催化反应的基本原理就是利用具有强氧化性的羟基自由基参与到生活饮用水体中的各种化学反应，由于羟基自由基具有很强的氧化性能，能够将绝大多数水体中的有机物氧化分解并且最终将其矿化为水和二氧化碳等无机小分子。TiO_2 作为催化剂本身不会溶解于水，没有毒性，且不会对生活饮用水体产生污染，非常适用在饮用水方面进行消毒灭菌。近几年，TiO_2 光催化消毒技术逐渐成为各国科学家的研究热点。

有机化合物、部分无机物
异味、细菌、病毒

水(H_2O)
二氧化碳(CO_2)

O_2 OH^-

自然光 光触媒 e^- H^+ 日光灯

O_2 H_2O

▲ 光催化消毒技术原理图

3. 高铁酸盐消毒技术

高铁酸盐作为一种绿色、无机、多功能强氧化剂越来越受到国内外普遍关注。它具有氧化、吸附、絮凝、杀菌、消毒等多功能性质，操作方便且杀菌力强。高铁酸盐在氧化消毒过程中产生的还原产物 $Fe(OH)_3$ 不仅安全性较高，而且它也可以作为良好的助凝剂。高铁酸盐在去除有害细菌和病毒的同时可有效去除水中的悬浮物及重金属离子，因此高铁酸盐这种安全无任何毒副作用的多功能高效水处理药剂，在饮用水杀菌消毒领域中具有重要的研究开发和应用前景。

4. 膜消毒

膜技术是 20 世纪 60 年代后迅速崛起的一门分离技术。该技术应用于饮用水消毒，其去除水中杂质的主要原理是机械筛分。它具有水质优良、操作简单、占地小等优点，已成为人们提高水质的一项重要措施。在国外，膜技术用于饮用水消毒的研究十分多且复杂，用膜对病毒、致病细菌以及贾第虫和隐孢子虫这"两虫"进行消毒灭菌，能够达到很好的去除效果。

5. 超临界水氧化法

超临界水氧化法是利用临界温度为 374.3℃、临界压力是 22.05 兆帕的超临界水作为介质来氧化分解有机物。超临界水氧化法处理饮用水具有应用范围广、反应速率快、降解彻底、无二次污染、无机组分容易沉淀分离等优点，是一种绿色水处理技术，正受到越来越多的关注。超临界水氧化法是一种新兴且很有发展前景的水处理技术，但仍存在一些问题，如：设备及工艺要求高、一次性投资大、设备防腐和盐沉积问题没有完全解决。

知识拓展

饮水机的"二次污染"

　　饮水机污染主要是由于在放水的同时会进入空气。一般情况下，室内每立方米空气中约有4000个细菌，对人体影响不太大。但在疾病流行季节，一些病菌带入室内，在饮水机放水时会随空气进入饮水机的储水桶，并在温度适宜的水缸内迅速繁殖，几天后储水桶水中菌落总数成千上万就不足为奇了，这给桶装水用户的健康带来了潜在危害。

　　肝癌与饮水中的藻类毒素有关。专家认为，若净水器长期积水，加上光照，便很容易生长一种叫"藻类毒素"的物质，这可是促癌剂。这种水藻的毒素即使煮沸也无法破坏，漂白粉对其也只能产生一定的作用。所以，专家提醒使用净水器时应尽可能在每次使用完毕后，放出净水器内的积存水。另外，如果使用塑胶透明净水器，还应避免阳光照射。

　　为解决饮水机的"二次污染"，目前常用的方法是清洗，对于消除污垢、杀灭细菌是很有效的，但从大量调查情况来看，因饮水机和水本身无任何灭菌措施，细菌仍然会迅速繁殖。

第四章

水质检测知多少——质量把控

水是生命的源泉，人类在生活和生产活动中都离不开水，生活饮用水水质的优劣与人类健康密切相关。随着社会经济发展、科学进步和人民生活水平的提高，人们对生活饮用水的水质要求不断提高，饮用水水质标准也相应地不断发展和完善。水质标准是国家、部门或地区规定的各种用水或排放水在物理、化学、生物学性质方面所应达到的要求。

◎ 第一节 感官指标检测方法

一、感官性状指标

生活饮用水感官性状指标包括色度、浑浊度、臭和味、肉眼可见物等。饮用水的感官性状指标的异常，会使用户对水质好坏产生最直观的判断。

1. 色度

色度是水质环境监测中的一项重要指标。天然水中因含有 Fe、Mn 等金属离子以及腐殖质，使水体着色。

2. 浑浊度

水的浑浊度在 10 度时，可感受到水质浑浊。源水经水厂处理后出厂水一般均不超过 1 度。自来水水厂通过降低浑浊度来去除某些有害物质、细菌、病毒，提高消毒效果，以确保饮水安全。用户反映的常见水质情况为自来水有红色浑浊、黑渣等情况。

3.臭和味

饮用水中常见的气味有氯气消毒剂导致的漂白粉味以及由于水生生物繁殖引起的鱼腥味、腐败气味等。

4.肉眼可见物

肉眼可见物指水中存在的含有肉眼可见的沉淀物、漂浮物和水生生物等。

二、家庭饮用水水质简易鉴别方法

饮用被污染过的水会危害人们的身体健康，饮用水水质的检测通常需要到具有水质检测资质的单位，运用标准的检测方法进行检测，但是这种方法昂贵且费时，并不适用于日常家庭饮水。家庭饮水时，我们可以通过望、闻、尝、查等感官判断方法进行简易鉴别。

望：看水的颜色，观察水的情况。饮用水理应无色透明。可以用一个透明的玻璃杯接满一杯水，以白纸做背景，观察饮用水的颜色与变化；也可以对着光线观察是否有悬浮于水中的颗粒物；还可以静置沉淀三小时后，观察杯底是否有沉淀物。

闻：闻水的气味。正常的饮用水是没有气味的，主要闻闻看有没有水中微生物、水生动物、植物的繁殖和腐烂而发出的臭味；水中溶解性气体如 H_2S、SO_2 的臭味；溶解性盐类或泥土味。

尝：尝水的味道。正常的饮用水是没有味道的，如果发现有酸、涩、苦、麻、辣、甜等味道则不能饮用。比如铜在大于 5 毫克 / 升水平时，会使水显色并带有令人反感的苦味。而水味发咸可能是由于氯离子

（1）观察饮用水

（2）对着光线观察

（3）沉淀三小时后观察

▲ 观察水的情况

▲ 水垢

或硫酸盐超标引起的。尝水的味道的时候，要注意安全适量。

查：检查水垢。检查家里的热水器和开水壶内壁是否存在过多的水垢，如果有，说明水的硬度过高。

◎ 第二节 一般指标检测方法

饮用水的一般化学指标包括 pH 值、溶解性总固体、总硬度、耗氧量、挥发酚类、铝、铁、锰、铜、锌、氯化物、硫酸盐、阴离子合成洗涤剂等。以下介绍几种常见的水质化学指标：

1. 水的酸碱度

酸碱度描述的是水溶液的酸碱性强弱程度，用pH 值来表示。pH=7 的水溶液呈中性，pH<7 者呈酸性，pH>7 者呈碱性。健康的饮用水是指在满足饮用水水质安全性的前提下，长期饮用可以促进人体健康的饮水。pH 值是重要的水质参考指标之一，不同类别的饮用水 pH 值略有不同。

人体血液 pH 值维持在 7.35 ~ 7.45，人体各部位及组织中的 pH 值是不同的。人体为了正常进行生理活动，体内 pH 值必须维持动态的平衡。如果 pH 值过高或者过低，都会使正常的酸碱平衡发生紊乱，简称为酸碱失衡。人体具有很强的 pH 值缓冲及调节能力，可以通过饮食或者饮水进行自我调节。

知识拓展

饮用水与 pH 值

市面上出现越来越多 pH 值不同的饮用水产品。有些广告会出现引导消费者喝弱碱性水有益于健康的标语，但是健康的饮用水 pH 值的范围为多少，目前没有统一的答案。各国饮用水标准对 pH 值的规定也有区别。

水质 pH 值测定的方法主要有试纸法、比色法、电位法等。

试纸法是利用 pH 试纸对水样进行粗略检测，利用试纸浸润样品后的颜色变化同比色卡进行对比，判断 pH 值的大小，该方法操作简单，但误差较大，适合家庭和一般估测使用。

◀ pH 试纸

电位分析法所用的电极被称为原电池，最常用的 pH 指示电极是玻璃电极，该方法在实验室中应用较为普遍。

◀ pH 指示电极

指标	限值范围	来源	国家
pH 值	没有提出基于健康的准则值	《饮用水水质准则》	世界卫生组织 WHO
	6.5 ~ 9.5	《饮用水水质指令》	欧盟
	6.5 ~ 8.5	《生活饮用水卫生标准》（GB 5749—2006）	中国
	未规定	《食品安全国家标准包装饮用水》（GB 19298—2014）	中国

▲ 相关饮用水标准对 pH 值的规定

2. 水的溶解性总固体

溶解性总固体（Total Dissolved Solids，简称 TDS）指水中全部溶质的总量。TDS 由无机盐（主要为钙、镁、钾、钠、碳酸氢盐、氯化物和硫酸盐）和少量溶于水的有机物组成。在不同地理区域由于矿物可溶性不同，水中的 TDS 含量变化相当大。天然来源的 TDS 浓度从 30 毫克 / 升到 6000 毫克 / 升不等，我国《生活饮用水卫生标准》（GB 5749—2006）规定溶解性总固体含量应不大于 1000 毫克 / 升。高水平 TDS 也会在水管、热水器、锅炉和家庭用具上结出很多水垢。

溶解性总固体的检测方法主要是称重法和电导率仪法。称重法适用于饮用水及水源水中溶解性总固体。其原理为将水样过滤后，在一定温度条件下烘干，所得的固体残渣即为溶解性总固体，再用专业仪器对其进行称量即可。电导率仪法主要通过使用电导率仪测得水样电导率，再通过科学计算，从而近似得出水样中溶解性总固体的质量。电导率仪法应用起来更加快速、简便，在准确度要求不高的情况下，适合大批量野外现场测量和实验室快速测量。

▲ 电导率仪法

3. 水的总硬度

水总硬度是指水中 Ca^{2+}、Mg^{2+} 的总量，我国《生活饮用水卫生标准》（GB 5749—2006）规定总硬度不大于 450 毫克 / 升。硬度是水质的一个重要监测指标，高硬度的水，难喝、有苦涩味，低硬度的软水可能对铁管有较强的腐蚀作用。

生活饮用水中总硬度的测定方法一般用乙二胺四乙酸二钠（EDTA-2Na）滴定法、分光光度法、原子吸收法、试纸检测法等。

◎ 第三节 毒理指标检测方法

《生活饮用水卫生标准》（GB 5749—2006）中规定了生活饮用水常规水质指标包括砷、镉、铬（六价）等15项毒理指标。其中砷、镉、铬（六价）、铅等属于重金属指标，三氯甲烷、四氯化碳、甲醛等属于有机物指标。非常规水质指标包括锑、钡、林丹等59项毒理指标，其中锑、钡、铍、镍等属于重金属指标，甲苯、林丹、甲基对硫磷等属于有机物指标。

以下介绍几种常见的饮用水水质毒理指标。

1. 水的重金属指标

重金属普遍存在于自然环境的土壤、大气和水中，也能存在于一些生物体内。重金属元素往往具有多种价态、不同的化学稳定性和毒性，会经过食物链被生物摄食吸收、浓缩和富集并进入人体，给人类生活健康带来危害。

（1）砷：砷在地壳中广泛存在，多数以硫化砷或金属的砷酸盐和砷化物形式存在。含砷化合物用于商业和工业，主要用作生产晶体管、激光器和半导体的合金添加剂。饮用水中砷主要来自天然存在的矿物质和矿石的溶出。砷是一种重要的污染物，是致癌的物质之一。我国规定饮用水含砷量不得超过 0.01 毫克 / 升。

（2）镉：金属镉用于钢铁工业和塑料工业。镉的化合物广泛用于电池制造。环境中的镉来自污

电感耦合等离子体发射光谱法

电感耦合等离子体发射光谱法的应用较为广泛，可以同时测定水体中的多种金属元素，如铬、锰、铁、钴、镍、铜、锌、砷、镉和铅等含量的测定，它具有灵敏度高、稳定性好、响应范围宽及多元素同时测定等优点。

▲ 某品牌电感耦合等离子体－原子发射光谱仪

染排放，饮用水中的镉也可能来自镀锌管中锌和焊料及某些金属配件的杂质。镉主要在肾脏蓄积，对肾脏的损害最为明显。我国规定饮用水含镉量不得超过 0.005 毫克 / 升。

（3）铬：铬广泛分布于地壳中。铬的毒性与其存在的价态有关。三价铬是对人体有益的元素，而六价铬是一种毒性很大的重金属，对肝、肾等内脏器官和 DNA 造成损伤，在人体内蓄积具有致癌性，并有可能诱发基因突变。我国规定饮水中六价铬不得超过 0.05 毫克 / 升。

（4）铅：自来水中很少有从各种天然源溶出而来的铅。铅主要来自家庭含铅管道系统中的水管、焊料、配件或入户连接设施。软水、酸性水是管道中铅的主要溶剂。铅是一种严重危害人体健康的重金属元素。铅进入人体后会在骨骼中蓄积，当人体中铅含量达到一定程度后，会引发神经、消化、血液等方面的中毒症状。婴儿、儿童以及孕妇是铅危害的易感者。我国规定饮用水含铅量不得超过 0.01 毫克 / 升。

（5）汞：汞广泛存在于各类环境介质和食物链（尤其是鱼类）中，很容易被皮肤以及呼吸道和消化道吸收，并在体内积累。水俣病是汞中毒的一种。我国规定饮用水中汞含量不得超过 0.001 毫克 / 升。

目前对地表水中重金属的检测方法主要是光谱法，包括分光光度法、原子荧光光度法、火焰原子吸收法、石墨炉原子吸收法、电感耦合等离子体发射光谱法等。

2.水的有机化合物指标

水中有机污染物种类繁多，结构复杂，绝大部分对人体有直接或间接的致毒作用，有的还能积累在人体组织内部，改变细胞的 DNA 结构，对人体组织产生致癌变、致畸变和致突变的"三致"作用。

（1）三氯甲烷：三氯甲烷是一种有机合成原料，主要用来生产氟利昂、染料和药物，在医学上常用作麻醉剂，也可用作抗生素、香料、油脂、树脂、橡胶的溶剂和萃取剂。三氯甲烷主要作用于中枢神经系统，具有麻醉作用，对心、肝、肾有损害。我国规定饮用水中三氯甲烷含量不得超过 0.06 毫克 / 升。

（2）甲苯：甲苯主要是汽油的配料，也作为溶剂和化工产品的原料。甲苯对皮肤、黏膜有刺激性，对中枢神经系统有麻醉作用。我国规定饮用水中甲苯含量不得超过 0.7 毫克 / 升。

（3）林丹：林丹在过去常作为水果和蔬菜等作物的杀虫剂。林丹对神经系统、呼吸系统、皮肤、脏器等均可造成损害。我国规定饮用水中林丹含量不得超过 0.002 毫克 / 升。根据国家生态环境部要求，为落实《关于持久性有机污染物的斯德哥尔摩公约》履约要求，自 2019 年 3 月 26 日起，禁止林丹和硫丹的生产、流通、使用和进出口。

（4）甲基对硫磷：甲基对硫磷是一种非内吸杀虫剂和杀螨剂。甲基对硫磷可对消化系统、生殖系统、泌尿系统、神经系统等造成损伤。我国规定饮用水中甲基对硫磷含量不得超过 0.02 毫克 / 升。

（5）微囊藻毒素：微囊藻毒素是多种藻毒素中最常见、在同类物中毒性最强的一种。微囊藻毒

小贴士

内吸式杀虫剂和非内吸式杀虫剂

内吸式杀虫剂喷施后可以被作物吸收，并在作物体内运转，使没喷到农药的部分也具有杀虫杀菌作用。

非内吸式杀虫剂是触杀型农药，这类农药不具备内吸作用。喷施不到的地方不具备杀虫杀菌作用。

小贴士

气相色谱仪

气相色谱仪是利用色谱分离技术和检测技术，对多组分的复杂混合物进行定性和定量分析的仪器。可用于分析挥发性有机物、有机氯、有机磷、多环芳烃等。具有高灵敏度、高效能、高选择性、分析速度快、所需试样量少、应用范围广等优点。

▲ 某品牌气相色谱仪

素常存在于细胞内，只有当细胞破裂时，大量微囊藻毒素才会释放到周围水体中。微囊藻毒素毒性的主要靶器官是肝脏。我国规定饮用水中微囊藻毒素含量不得超过 0.001 毫克 / 升。

目前，对饮用水中污染物的分析测试技术已逐渐成熟，有机物的分析方法主要有气相色谱法、气相色谱－质谱法、液相色谱法、液相色谱－质谱法等。

◎ 第四节 微生物指标检测方法

由致病性菌、病毒和寄生虫（如原虫和蠕虫）引起的传染性疾病是与饮用水有关的最常见、最普遍的健康风险。

（1）菌落总数：菌落总数是评价水质清洁度和考核净化效果的一种指标，我国现行《生活饮用水卫生标准》（GB 5749—2006）规定细菌菌落总数在 1 毫升生活饮用水中不得超过 100 CFU。

常用的菌落总数的检测方法是平皿计数法，通过水样在营养琼脂上有氧条件下 37℃培养 48 小时后，所得 1 毫升水样所形成菌落的总数来表示。

（2）总大肠菌群：总大肠菌群是表示水、土壤、乳品或清凉饮料直接或间接受人、畜粪便污染程度的一种指标，可以用作评价水处理效果、输配水系统清洁度、完整性和生物膜存在与否的指示菌。我

小贴士

CFU

CFU 是菌落形成单位，是指单位体积中细菌、霉菌、酵母等微生物的群落总数。

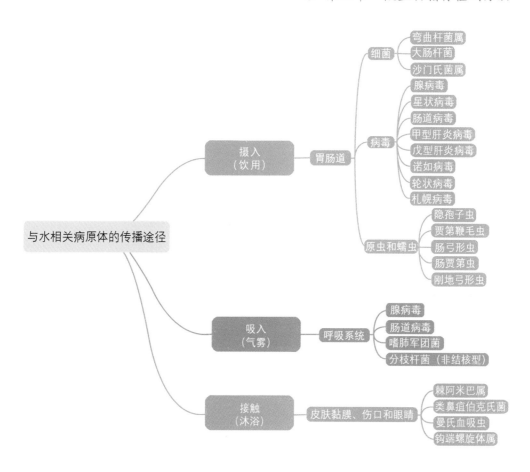

国现行《生活饮用水卫生标准》（GB 5749—2006）规定每 100 毫升生活饮用水中总大肠菌群不得检出。

（3）大肠埃希氏菌和耐热大肠菌群：①大肠埃希氏菌被认为是指示粪便污染的最理想指标。我国现行《生活饮用水卫生标准》（GB 5749—2006）规定每 100 毫升生活饮用水中大肠埃希氏菌和耐热大肠菌群不得检出。②耐热大肠菌群是指 44.5℃培养 24 小时，能发酵乳糖产酸产气的需氧及兼性厌氧革兰氏阴性无芽孢杆菌，又称粪大肠菌群。水中粪大肠菌群的测定可以通过纸片快速法、酶底物检测法、滤膜法和多管发酵法等进行检测。

▲ 与水相关病原体的传播途径 [《饮用水水质准则》（第四版）]

▲ 水酶底物检测法（注：图中黄色部分代表粪大肠菌群呈阳性，无色代表粪大肠菌群呈阴性）

（4）贾第鞭毛虫和隐孢子虫：①贾第鞭毛虫是寄生于人类和某些动物胃肠道内的带鞭毛原虫。贾第鞭毛虫能在包括人类的许多动物体内繁殖，并把包囊排入环境。症状通常包括腹泻和肠绞痛，严重时、会发生小肠吸收功能障碍，大多数发生在年幼儿童中。②隐孢子虫为体积微小的球虫类寄生虫。隐孢子虫广泛存在于多种脊椎动物体内，主要为微小隐孢子虫，引起隐孢子虫病，是以腹泻为主要临床表现的人畜共患原虫病。

我国现行《生活饮用水卫生标准》（GB 5749—2006）规定每10升生活饮用水中贾第鞭毛虫和隐孢子虫小于1个。水中贾第鞭毛虫和隐孢子虫的检测可以通过免疫磁分离荧光抗体法等进行。

第五章
突发事件巧处理——锦囊妙计

近年来，随着我国经济社会的持续高速发展，人们所从事的生产活动比以往更活跃，同时带来许多不确定性的负面影响，饮用水的水污染事件的出现就是其中一个方面。为保障饮用水的安全和口感舒适，通常需要对水进行处理。除了饮用水的集中处理系统，水的末端处理往往也很重要，并且更加快捷和经济。饮用水水污染可能涉及多种污染物，应当根据污染物的特性采取相应的处理方法。以下介绍几种最常用的处理技术。

◎ 第一节 重金属污染处理技术

在环境中，重金属不能借助微生物的作用进行降解，而是以复杂的形态存在于多种媒介中，并积累下来。环境中的重金属进入人体的方法很多，饮水是最主要的方法之一，易通过食物链富集，并在人体内和蛋白质及酶等发生强烈的相互作用，使它们失去活性，也可能在人体某些器官累积，造成慢性中毒，对人体健康造成严重危害。

在饮用水中重金属常以多元化化学形态与物理机理存在，在进行饮用水重金属污染处理时，需根据实际情况选用合理的处理方法进行饮用水中重金属去除，使之达到国家规定指标。现阶段，常见的饮用水重金属污染处理技术主要有化学处理法、物理处理法和生物处理法等。

1. 化学法

化学处理技术是通过改变重金属化学形态，基于化学反应进行重金属离子去除的方法。常见的化学处理方法主要有化学沉淀法、电解法、氧化还原法以及混凝法等。其中，最常用的方法是化学沉淀法。化学沉淀法主要是通过投加化学药剂，使重金属污染物生成难溶的沉淀物质加以去除。

2. 物理法

物理处理的原理是在不改变重金属化学形态的基础上进行吸附、分离、浓缩等处理。因此，常见的物理处理技术有吸附法、膜分离法以及离子交换树脂法等。物理吸附法是常见的处理水体重金属污染的方法，一般来说，是将多孔性物质作为吸附剂放入重金属污水中进行吸附。物理吸附法具有操作简便、吸附材料来源广泛、适用范围广等特点，现阶段使用最多的吸附剂为活性炭、硅胶材料、硅藻土、粉煤灰、稻壳等。

3. 生物法

生物法以其高效环保而备受社会关注，生物法主要是借助生物材料、水生植物、水生动物、微生物等具备的重金属絮凝、重金属富集以及重金属吸收等功能进行重金属水体分离与去除。其中，植物修复法是指利用植物通过吸收、沉淀和富集等作用降低被污染土壤或水中重金属含量，以达到治理污染、修复环境的目的。利用植物处理重金属，一是从水中吸取、沉淀或富集有毒金属；二是降低有毒金属活性，从而可减少重金属被淋滤到地下或通过

小贴士

活性炭

活性炭具有比表面积大、孔隙结构发达、吸附能力强、耐磨强度大等特点，经常用于污水的净化。

▲ 活性炭

空气载体扩散；三是将水中的重金属萃取出来，富集并输送到植物根部可收割部分和植物地上枝条部分，通过收获或移去已积累和富集了重金属的植物体，降低水体中的重金属浓度。

图片	植物种类	修复重金属类型
	蜈蚣草	As
	印度芥菜	Cu、Zn、Pb
	香根草	Pb、Zn、Cd
	土荆芥	Mn

▲ 可以降低水中重金属含量的部分植物种类

◎ 第二节 自来水"黄水"处理技术

　　用户用水有时会遇到浑水、黄水，尤其是在早晨刚开始用水时较为明显，不少家庭使用自来水的过程中都经历了"黄水"现象。"黄水"现象给用户感观上带来不悦，是用户普遍投诉的水污染问题。

　　"黄水"问题一般是指因水源中铁含量较大或者供水管网腐蚀以及管垢的铁释放所引起的供水中铁含量超标而导致的供水色度、浊度、臭味增大等严重影响人民正常生活的问题。造成供水管网铁超标的原因有很多，主要包括：①自来水厂使用的铁盐混凝剂在沉淀、过滤过程中没有完全截留；②水源水中含有的大量铁离子（特别是地下水）在净化过程中没有被彻底去除；③供水管网中的铁制管材发生的腐蚀和铁释放现象。

▲ 自来水"黄水"问题

　　有研究表明，都市人的肝病发病率高于乡村是与饮用水中的氧化铁有关，它最直接的也是危害最大的是对人类肝脏的损害。

　　以地下水为水源的部分地区因为铁、锰离子超标引起水体发黄。这些地区地下水中二价铁含量过高，水抽到地面后与空气中的氧结合，形成三价铁（三价铁显黄色），使水质变成黄色。需要通过专业的除铁、锰过滤设备去除水中超标的铁、锰离子等。

　　供水管道腐蚀导致的"黄水"在城市水中比较常见。主要因为管道锈蚀后亚铁离子进入水中而形

▲ 锈蚀的管道

成。以前的供水管道多采用镀锌材质的铁质管道，使用久了会老化产生杂质。居民可在用水前适当放掉一些水，或将已经锈蚀的镀锌铁质管道更换成PVC材质或者其他防腐性强的水管。

◎ 第三节 有机物污染处理技术

有机物水污染事故按照污染物的性质主要是农药和有毒有害化学物质泄漏污染等，如DDT、乐果、氰化钾等；溢油污染，如油车泄漏、油船触礁等；非正常排放废水污染，如化工厂废水、矿业废水等。

一、饮用水有机物污染常用处理技术

有机污染物按其适用的去除技术分类，主要包括以下几类。

1. 活性炭吸附法

活性炭是一种多孔且具有巨大比表面积的高效吸附剂，容易吸附去除多种溶解性有机污染物，而且适应性强，对如除草剂、杀虫剂、农药、燃料等有机污染物有很好的去除效果。

2. 化学氧化法

在有机污染处置中，化学氧化法是一种直接而有效的方法。化学氧化法是依靠化学氧化剂的氧化能力分解破坏水中污染物的结构，达到转化或分解

污染物的目的。常见的化学氧化技术主要包括光催化氧化法、臭氧氧化法、电化学氧化法等。

3.混凝法

通过加入混凝剂，形成的絮体对大分子有机污染物物理吸附作用较强，从而达到部分去除大分子有机物的效果。饮用水中常用的混凝剂有 $Al_2(SO_4)_3$、$FeCl_3$、PAC（聚合氯化铝）、PAFC（复合铝铁）等。该技术不但对水中大、中分子有机物能有效地去除，同时对水中溶解性低分子有机物等也有一定的去除效果。

二、饮用水苯超标处理

2014 年 4 月 10 日，兰州市威立雅水务（集团）有限责任公司检测发现其出厂水苯含量超国家标准 20 倍，随后，兰州市政府宣布该市自来水 24 小时内不宜饮用。消息传出后，一度引发市民抢购矿泉水。造成兰州自来水苯超标的原因系中国石油天然气公司兰州石化分公司一条管道发生原油泄漏，污染了供水企业的自流沟所致。

上述案例中的苯是一种碳氢化合物，最简单的芳烃在常温下是甜味、可燃、有致癌毒性的无色透明液体，并带有强烈的芳香气味。它难溶于水，易溶于有机溶剂，本身也可作为有机溶剂。对人体具有神经毒性，可以致癌，如果短期接触，苯对中枢神经系统会产生麻痹作用，引起急性中毒。长期接触苯会对血液造成极大伤害，引起慢性中毒。

居民可采取以下处理超标水方法，以解燃眉之急：

（1）煮沸蒸发法：在室温环境下，将水煮沸

3～4分钟,并将蒸发的气体通过通风设施排出室外,基本可去除水中苯。这是由于苯的密度(0.88克/毫升)低于水的密度,它会浮在水的表面。而苯的沸点又只有80.1℃,是属于易挥发的物质,所以就在煮沸的过程中,它就很容易从水中挥发出来。

(2)吸附过滤法:在水中加入活性炭,8～10分钟后滤出,可基本去除水中苯。主要因为吸附剂活性炭对苯有很强的吸附作用。

◎ 第四节 病原体污染处理技术

由致病性细菌、病毒和寄生虫(例如原虫和蠕虫)引起的传染性疾病是与饮用水有关的最常见、最普遍的健康风险。可通过污染饮用水传播疾病的病原体多种多样。它们主要来自人粪便、生活污水、医院以及畜牧屠宰、皮革和食品工业等废水。介水传染病的病原体主要有三类:①细菌,如伤寒杆菌、副伤寒杆菌、霍乱弧菌、痢疾杆菌等;②病毒,如甲型肝炎病毒、脊髓灰质炎病毒、柯萨奇病毒和腺病毒等;③原虫,如贾第氏虫、溶组织阿米巴原虫、血吸虫等。

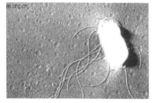

(a)伤寒杆菌

(b)血吸虫尾蚴

▲ 介水传染病病原体

一、介水传播病原体污染常用处理技术

对于饮用水病原体污染的控制技术主要包括饮用水处理厂的集中处理和家庭水处理两部分。饮用水病原体污染的处理包括多道工序处理,如混凝、絮凝及沉淀、过滤和消毒,这些工艺有时单独使用,

有时联合使用以达到更好的去除效果。常用的家庭水处理技术主要有以下几类。

1. 化学消毒

家庭饮用水消毒主要是自由氯，如以液体形式存在的次氯酸（市售家庭用漂白剂、较稀的含0.5%～1%次氯酸及次氯酸钠溶液）、固体次氯酸钙、二氯异氰尿酸钠。这些氯制剂使用方便，相对安全，且价格便宜。

2. 膜、多孔陶瓷或复合滤器

膜、多孔陶瓷或复合滤器孔径细小，包括碳块过滤器、包含胶态微粒银的多孔陶瓷、反应膜、聚合物膜和纤维、织物过滤器。它们依靠物理张力通过一个多孔表面或多个具有结构孔隙的表面通过孔径阻隔物理去除或截留微生物。其中有些过滤器采用化学抑菌、抗菌表面或化学修饰使微生物吸附在滤器介质表面，令其失活或者不能繁殖。许多家庭选择使用水质净化器对饮用水进行处理。水质净化器，是依据水的使用要求对水质进行深度过滤、净化处理的水处理设备。

3. 太阳能消毒

太阳能消毒是使用太阳能辐照技术对水消毒。主要利用将太阳光中的紫外线聚焦并增强的方式，从而达到灭活水中微生物的目的。

4. 紫外线灯照射

紫外线灯照射法是采用紫外线灯辐射灭活微生

（a）净水壶

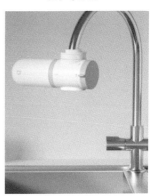

（b）水龙头净水器

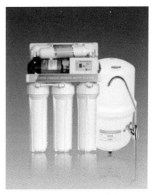

（c）反渗透直饮净水器

▲ 常见的家用水质净化器

物。对于家庭或小型水处理，大多数采用杀菌波长为254纳米的，可产生单色紫外线辐射的低压汞弧灯。这些技术通过使容器中的水穿过反应器时暴露于足够剂量（影响）的紫外灯辐照，以此灭活水源性病原体。

5.加热法

加热法是通过燃烧产生热量灭活水中微生物。包括巴氏杀菌和沸腾加热杀菌。水处理推荐方法为加热饮用水达到沸腾后，让水离开热源，自然冷却后保存并避免后续污染。

二、血吸虫病的居民防治

血吸虫病（裂体吸虫病）是发生在热带和亚热带地区的一种主要寄生虫病，其传播过程是由感染的淡水螺释放出血吸虫的幼虫尾蚴，尾蚴再穿透皮肤使人感染。接触水体是主要的传播途径。晚期可见腹水、肝脾功能受损，甚至出现肺和脑损害，对人的健康危害较大。在流行区，不论是湖沼地区还是山丘地区，人们因生活饮用疫水而感染血吸虫病的情况较为普遍，因此要切实做好饮用水的安全保障。

血吸虫病在我国主要流行于长江流域及其以南的省份，比如湖北、湖南、江西、安徽、江苏、浙江、广东、广西、上海和福建，此外四川和云南等地形复杂的山区也有流行。

血吸虫病感染的途径主要是疫水，即含有血吸虫尾蚴的水体。人畜若接触了疫水会有被血吸虫尾蚴侵入的风险，导致感染血吸虫病。

家庭饮水如何防范血吸虫病？

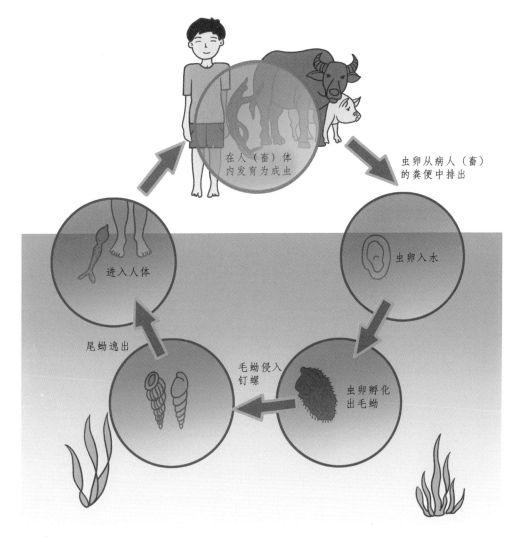

▲ 血吸虫生活史

在一些没有净化设施的农村，可采用以下方法防范血吸虫病：

（1）开挖饮用井水，开挖饮用井水不仅可以防止血吸虫尾蚴感染，还可以预防肠道疾病的传播。

（2）分塘用水：应选择没有钉螺的塘水作为专供饮用的水源，并严防塘水被淡水螺污染，保持饮用水安全、卫生。

（3）河心深处汲水：尾蚴一般分布在水表面，

可采用河心深处汲水方法，以减少感染。

（4）杀灭尾蚴，减少感染，杀蚴方法包括：①加热。将水煮沸15分钟以上即可杀死尾蚴。②药物杀蚴。主要药物有漂白粉、碘酊、生石灰等。

对于通过市政供水的家庭，由于饮用水到居民家里还要经过冗长复杂的地下管网，一般情况下地下管网是密闭的，不容易引起污染，但也不排除一些情况引起水质改变，比如管道老化造成破损渗漏，施工挖破水管等情况。因此，居民可以通过煮沸消毒和安装家用净水机的方法防范血吸虫病。

◎ 第五节 野外饮水应急处理技术

野外生存离不开饮用水，但野外的水源可不能随便喝，收集到的水源，可能含有腐烂的树叶、血吸虫、肝蛭，或者一些有毒的病菌，甚至可能有重金属盐、有毒矿物质等。所以一定要对水源进行必要的净化和消毒，那么如何净化和消毒饮用水呢？

一、饮用水净化

1.渗透法

当水源里有漂浮的异物或水质混浊不清时，可以在离水源3～5米处向下挖一个50～80厘米深、直径约1米的坑，让水从砂、石、土的缝隙中自然渗透出，然后，轻轻地将已渗出的水取出，放入盒或壶等存水容器中。

▲ 渗透法净化污水

2.过滤法

当水源周围的环境不适宜挖坑或渗透过滤的水依然浑浊时，可找一个塑料袋将底部刺些小眼儿，或者用棉制单手套、手帕、袜子、衣袖、裤腿等，也可用一个可乐瓶，去掉瓶底后倒置，再用小刀把瓶盖扎出几个小孔，然后自下向上依次填入棉（纱布）、细砂、粗砂，压紧按实，将不清洁的水慢慢地倒入自制的简易过滤器中，等到过滤器下面有水溢出时，即可用容器将过滤后的干净水收集起来，该步骤可重复多次。过滤法只能除去体积较大的悬浮颗粒物而不能把微生物和溶解性污染物去除。

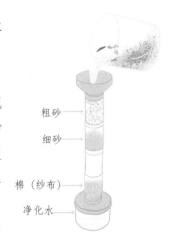

粗砂
细砂
棉（纱布）
净化水

▲ 过滤法过滤污水

3.太阳能蒸馏法

利用太阳能将水进行蒸发，水汽凝结在塑料薄膜上，再用容器将水滴收集起来。

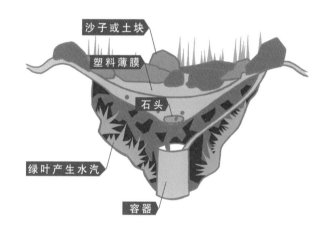

沙子或土块
塑料薄膜
石头
绿叶产生水汽
容器

▲ 太阳能蒸馏法集水

二、饮用水消毒

1.净水药片消毒

根据不同的水质及处理需求将不同剂量净水药片放入存水容器中，搅拌摇晃，静置几分钟即可。

2.医用碘酒消毒

如果没有净水药片，也可以用随身携带的医用碘酒对水进行消毒。在已净化过的水中，每一升水滴入 3～4 滴 2% 碘酒，15 分钟内可杀灭水中的细菌、阿米巴原虫等微生物，如果水质浑浊，则在每一升水中滴入的碘酒要加倍。搅拌摇晃后，需要静置的时间更长一些。由于碘酒对人体组织具有刺激性和腐蚀性，因此使用时，一定要注意碘酒添加的浓度。

3. 便携式净水仪器

市场上有售卖便携式的净水器或饮水净化吸管，利用活性炭、高聚树脂、超滤膜等去除细菌、原生动物、藻类、颗粒物等，体积小，携带方便，在野外非常实用，能在一定程度上过滤出可饮用的纯净水。

4. 煮沸消毒

利用100℃煮沸5分钟可杀死水中的细菌。采用这种方法可对河水、湖水、溪水、雨水、露水、雪水等进行消毒。

▲ 市场上常见的便携式野外直饮过滤器

第六章

喝水这事不简单——健康饮水

◎ 第一节 正确饮水小知识

一、每天应该喝多少水

在分析人一天应喝水量之前，不妨先计算一下人一天所流失的水分。当人们在呼吸、流汗时，会导致 0.9 升的水流失，有 0.7 ~ 1.5 升的水分以尿液形式排出体外，粪便中则含有 0.1 升的水，所以人一天流失的水分是 1.7 ~ 2.5 升。但人从食物中可以摄取 0.7 ~ 1 升的水，体内可以制造 0.3 升的水。也就是说，考虑到身体的水平衡，一天要喝 0.7 ~ 1.5 升的水。但当人们的生活节奏较紧凑时，身体代谢会加快，当人们无法食用含丰富水分的食物，只要每天能喝够 2 升水，体内就不会缺水。当然，也不能因为多喝水有助于健康，就整天猛灌水，每天摄入的水分应为 2 ~ 3 升水。偏胖的人也可以适当多喝水，因为当身体缺乏水时，脂肪就不容易燃烧。

一起来看看一般成年人每日水的平衡量吧！

来源	摄入量/毫升	排出途径	排出量/毫升
饮水或饮料	1200	肾脏（尿）	1500
食物	1000	皮肤（蒸发）	500
代谢水	300	肺（呼吸）	350
合计	2500	肠道（粪便）	150
		合计	2500

▲ 水的动态平衡

二、每天什么时间喝水

喝水最有效的时间：在泡澡和桑拿浴前先喝 1 杯水（约 250 毫升），这是因为在泡澡流汗时，血液浓度会增加。睡觉前也要喝 1 杯水，因为睡觉时会不自觉地流很多汗。早晨起床的时候也要喝 1 杯水，因为早晨起床的时候血液特别浓，这样有助于促进新陈代谢。想要摄取充足的水分，每隔30分钟喝半杯最理想。但是有的时候因为工作忙碌无法做到时，可以一天喝10次水，每次喝1杯。

▲ 正确喝水保持健康

什么时候喝水最好？建议空腹时喝水，水分最容易被身体吸收。但吃饭时最好不要喝水，吃饭时喝太多水，会稀释胃酸，影响消化。吃点心，尤其在吃甜点后，要补充足够的水分。因为人体在分解糖分的同时会产生乳酸等酸性物质，为了维持身体的酸碱平衡，需要钙、镁等阳离子来中和，所以需要及时补充含矿物质的水分，否则容易导致骨髓中的钙质流失。喝酒后也要多喝水，因为酒精在人体内会首先转化为乙醛，从而导致脱水症和宿醉，多喝水可以降低血液中的乙醛浓度，减轻症状。喝水后很容易感到胃胀和水肿的人，不要一口气喝完整杯水，适量饮用最重要。水温越低越好喝，但太凉的水会影响肠胃健康。不要喝温度低于15℃的水，尤其在炎热的夏天，突然喝冰水，会造成肠胃和内脏的负担。

夏天时，喝水过量容易导致疲劳无力。因为天气炎热，人体需要排汗降温，而在流汗时人体内重要的矿物质也随着汗液的水分一起流失。矿物质在神经和肌肉功能、血压和体液平衡中起着关键作用，这时候如果只是单纯补充水分，却不补充体内不足的矿物质，会导致血液中的矿物质浓度下降，从而让细胞中的矿物质流失到血液中，导致细胞活性下降，引起疲劳无力。

三、水喝多了会怎么样

喝水后，由于血液中的水增加，稀释了血液，水会试图进入到细胞内。通常这种时候不会再感到口渴，就不用继续摄取水分了。但当某种原因导致中枢发生问题时，会一直觉得口渴，就会不停地喝水。于是细胞内就会累积大量水分，出现水肿，这便是水中毒。

如果用手指按一下小腿的胫骨处，手松开后皮肤上仍然留着印子，就很可能是发生了水中毒。严重时，会出现恶心、呕吐、痉挛等症状，甚至可能陷入昏睡状态。

虽然水有益健康，但摄取过量的水反而会消耗太多能量，使身体缺乏活力。体内的细胞也就不再只是滋润，而是泡在水里，继而导致细胞失去伸缩能力。所以，每天不能过量摄取水分。

四、什么样的人应该多喝水

1. 便秘患者应多饮水

除器质性便秘外，引起便秘的根本原因是水和纤维素摄入不足。严重便秘的人，只要每天在原来饮水量的基础上再多饮 1000 ～ 1500 毫升的水，30 天后绝大多数人会有明显效果。用药物治疗便秘效果再好，也只能治标，一旦停药就会反弹；只有多饮水，饮好水才能治本。

另外，要排便畅通就要使肠腔内有充足的能使大便软化的水分，因此喝水应该讲究技巧。如果小口小口地喝水，水流速度变慢，水很容易在胃里被吸收，经肾过滤后产生尿液。而便秘的人喝水最好是大口大口地喝（即喝满口水），吞咽动作快一些，

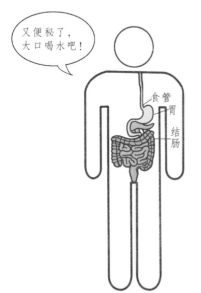

又便秘了，大口喝水吧！

食管
胃
结肠

▲ 便秘患者要大口饮水，以便水快速到达结肠

这样水才能尽快地到达结肠，同时刺激肠蠕动，改善便秘的症状。

早晨起床后，最好空腹喝 500～600 毫升温水，因为人体在早晨会有结肠黎明反射，是一天中最容易排便的时间。此时大量饮水，可明显加强大肠蠕动，促进大便排出。

2. 腹泻患者要多饮水

很多腹泻患者误认为多喝水会使大便更稀，其实，引起腹泻的主要原因是肠道内黏膜遭到破坏，对水分的吸收功能减弱，或是因为肠内外渗透压发生改变，导致这些液体流入消化道迫使肠胃蠕动加快，才使消化道内食物残渣含水过多，发生腹泻，而绝不是水喝多了的原因。发生腹泻后，人体立即进入了脱水状态，连续几次腹泻，再好的身体也扛不住。纠正腹泻，除用药物医治外，必须通过及时补水，改变体内脱水状态。必要时要静脉滴注生理盐水。

3. 泌尿系统炎症患者要多饮水

人体的肾脏、输尿管、膀胱和尿道受到细菌感染而发炎，分为"急性膀胱炎"和"急性肾盂肾炎"。前者为尿道膀胱发炎，表现为下腹部疼痛；后者是炎症已上行到输尿管和肾脏，主要症状为腰部疼痛。所以，患有泌尿系统炎症者如每天大量饮水，排尿量保证在 2500 毫升以上，对消炎大有好处。

4. 感冒发热患者要多饮水

患有感冒发热的病人新陈代谢加速，排出的二氧化碳增多，呼吸加快导致体内水分丢失也加快。

感冒很难受，一定要多喝水！

▲ 感冒发热患者要多饮水

115

同时，人体发热时会自动调节体温，即靠皮肤排出大量水分以降低体温，从而使体内水分过多丢失。生活中也能看到有的感冒患者发热时可能满头大汗、全身湿透。这时如多喝水有以下好处：

（1）多饮水不仅可以补充体内丢失的水分，还能促使病人身体散热、降温。

（2）多饮水才能多排尿，促进体内的病毒、毒素，以及代谢废物尽快排出，使身体内环境处于一种"干净"状态。

（3）多饮水可补充体内丢失的水分，使血液循环保持稳定，使体液代谢保持平衡，以利于病人尽快康复。如果感冒后体温不高，体内丢失水分不多，则饮水不要过量，否则饮入水分远远超过体内丢失的水分，便会导致水分过剩，体内电解质不平衡等，反而会有害机体的健康。

5. 肝病患者应多饮水

一旦罹患肝病，新陈代谢能力就会衰退，有害物质的排泄也会降低，水可以促进新陈代谢，加强代谢废物的排泄。另外，为了抑制肝病的恶化，还可以摄取有助于活化细胞的水。

6. 关节疼痛的人应多饮水

人体所有骨骼的末端都有一个保护层——软骨，与骨骼相比要软一些，含水量也多。在软骨中的水提供润滑作用，可以使相邻的骨骼末端相互滑动。在这种滑动过程中，软骨的一些细胞死亡并脱落，这些死亡的软骨细胞被新生软骨细胞替代。如果软骨中的含水量减少，润滑作用也就降低，死亡的软骨细胞就会增多。当死亡的软骨细胞总量超过新生细胞的总量时，就会发生关节疼痛。所以关节疼痛是缺水的表现，一旦感受到关节疼痛，就应多喝水，以保持关节内的正常含水量，增强关节内水调节的效率。

7. 长期卧床病人应多饮水

许多长期卧床不起的病人因害怕给家人增添麻烦，故尽量减少饮水量，从而达到减少小便次数的目的。殊不知，小便次数是减少了，可长时间如此就会增加尿路结石的新烦恼。尿路结石与久卧在床、饮水量少关系密切。当病人长期卧床时，体内尿流不如站立时畅通，而从尿中排出的废物也会减少。如果饮水太少，尿液随之减少，废物的浓度随之就会增高，从而容易形成微小结石。尿流不畅，还容易诱发尿路感染，尿液中的细菌也可促使结石形成。另外，长期卧床饮水量少，肠蠕动慢，也是便秘的诱因之一。所以，长期卧床的病人只要病情允许，就应多饮水，以增加尿量，从而排出体内的废物。

为了宝宝健康
我也要多饮水呀！

8. 孕妇要多饮水

孕妇在妊娠期间应适当多喝水。多喝水可以补充血液循环量，促进血液流动，有利于器官组织细胞之间的物质交换和代谢，可以增加尿液量，维持正常的肾脏功能，通过多排尿排出体内的代谢废物，有利于维持体内的酸碱平衡，还可以调节血压的稳定，对孕妇健康和胎儿的正常发育非常有益；多喝水有利于维持人体体温的平衡稳定和体内散热；多

▲ 孕妇要多饮水

117

喝水能提高体内矿物质的摄入量，有利于人体提高营养素吸收效率，加快母体和胎儿组织的生长和代谢，增加胎儿的营养储备；通过饮水还可以增加羊水量；多喝水还可以使肠道维持一定的水量，使肠黏膜细胞进行正常的物质交换，从而预防孕期便秘的发生。

9. 帕金森病患者应多饮水

帕金森病是一种神经细胞退行性疾病，病人对营养和水分的消耗都较大，如果不能及时补充水分，可能会加剧病情的发展。为此，医学专家认为，帕金森病人应该适当多喝水，最理想的饮料是富含矿物质和微量元素的矿泉水。

10. 胃酸过多和消化不良的人应多饮水

胃酸过多和患有胃溃疡的人通常胃里会偏酸性，因此可以多喝含有矿物质的水加以中和。同时，在吃饭时要充分咀嚼，如果咀嚼不足，导致唾液中的淀粉酶无法充分发挥作用，胃酸就无法好好运作，使得营养素无法被完全吸收，这就会导致消化不良。如果长期持续这种状态，可能会演变为慢性腹泻。如果持续腹泻，将会导致体内电解质（包括钾、钠、氯、钙等必需矿物元素）大量流失，为了补充这些电解质，需要多喝水，尤其是多喝矿泉水效果更佳。

11. 高血压患者夏季应多饮水

炎热的夏季，高血压患者常感到头昏脑涨，浑身难受，有的病人还容易诱发脑血栓。研究证明，高血压患者的血管内皮细胞多有程度不等的损害，由于夏天出汗，体内水分不足，血液易浓缩，在睡眠时血液流动缓慢的情况下，就容易发生血栓。因此，高血压患者在夏季应该多多饮水，以保证血液正常的浓度。

五、什么样的人不宜多喝水

1. 烧伤病人不宜饮白开水

烧伤病人不能喝白开水，这可能是病人家属和患者都容易忽视的问题。人体皮肤大面积烧伤后，体液从创面大量外渗，致使体内血容量下降，水分减少，使病人常有口渴的感觉。病人口渴感越重，表示伤情越重。按医学要求，烧伤后口渴时不能给病人喝白开水。因为在烧伤后，体液丢失的同时，体液中的钠盐也一起丧失，如果单纯给病人喝白开水，会稀释血液，导致血液内的氯化钠浓度进一步下降，使人体细胞外液的渗透压降低，引起细胞内水肿，出现脑水肿或肺水肿，形成水中毒，可危及病人生命。因此，这时千万别给病人喝白开水，而应喝含盐的饮料。

2. 肾病患者不宜多饮水

有慢性肾功能不全、肾病的患者，不宜多喝水。慢性肾功能不全或肾衰竭病人由于肾脏功能逐渐丧失，无法排泄水分及盐分。肾病患者因蛋白质随尿液大量流失，降低了血渗透压，如果过量喝水，就会使水肿更加严重。

3. 心脏功能衰竭的病人不宜多饮水

心脏衰竭的病人会因肾脏血流与灌注功能不正

常，无法使身体水分顺利排出，容易发生全身水肿。如果多饮水会增加心脏负担，甚至诱发低钠血症，出现恶心、呕吐、全身抽搐、昏迷等危险情况。

4. 高血压患者切莫饮盐水

有一种流行的说法，喝淡盐水有利于身体健康。于是，有的高血压患者晨起也喝淡盐水。医学研究认为，人在整夜睡眠中未饮滴水，然而呼吸、排汗、泌尿却仍在进行中，这些生理活动都要消耗体内许多水分。早晨起床时，血液已呈浓缩状态，此时如饮一定量的水，可很快使血液得到稀释，纠正夜间的高渗性脱水。而喝淡盐水则反而会加重高渗性脱水，令人倍加口干。何况早晨是人体血压升高的第一个高峰，喝淡盐水会使血压更高，这对正常人都是有害的，对高血压患者来说就更加危险。因此，高血压患者清晨补水不可喝淡盐水，不论咸淡均不能保健，只会危害健康。

5. 青光眼患者不宜多饮水

青光眼患者大量饮水后，由于大量的水分被人体吸收，可使眼内房水随之增多，正常人可通过加速新陈代谢加以调节，排泄掉多余的房水，而青光眼患者由于滤帘功能障碍，房水排出异常使眼压上升，这是青光眼患者所忌讳的。所以专家提醒，青光眼病人不宜多饮水，要注意控制饮水量，一般每次饮水不要超过500毫升。因为一次饮水过多，会导致血液稀释，血浆渗透压降低，使房水的产生相对增多，导致眼压升高。

六、老年人怎么喝水

老年人感觉器官的敏感度低，其中包括口渴的感觉下降。老年人身体的某些部位也发生退行性的变化，首先是血液循环的变化，心脏的血液输出量比年轻人降低 30% ~ 40%，循环的时间也加长。一些冠状动脉、脑动脉的血流量明显减少，内脏血流量减少 18%。其次是泌尿系统的变化，肾功能下降 30%，其中包括肾小球滤过率、肾血流量 40 岁后每年递减 1%，导致少尿。尿的稀释和浓缩功能降低，使水和电解质排泄增加，饮水不足，则发生脱水和酸中毒，肾的代偿功能降低。再次是内分泌系统的变化，如肾素－血管紧张素－醛固酮系统分泌下降，抗利尿激素等分泌增加等。由于人衰老的过程就是一个脱水的过程，特别是肥胖者更是如此，所以老年人常处于循环容量不足的边缘状态，一旦出现水、钠的丢失，就容易发生休克。另外，老年人的排尿功能不够灵敏，特别是患有慢性心、肾疾病的老年人对额外的水分负荷耐受力更差，一些微小的变化就可能引起老年人体内的水和电解质的紊乱。

▲ 身体的退化使老年人更需要饮水

1. 老年人不喜欢喝水的原因

（1）没有喝水的习惯。老年人"厌水"和儿童"厌食"一样，都是不好的习惯。

（2）怕尿频而不敢喝水。年轻人膀胱的贮尿能力为 500 ~ 600 毫升，老年人只有 250 毫升左右。

没有习惯

担心尿频

没有渴感

▲ 老人不喜欢喝水的原因

另外,老年人的膀胱口肌肉松弛,控制能力衰退,容易造成尿频。

(3)没有渴感。老年人口渴的敏感度减弱。

2.老年人喝水要点

(1)选择优质的好水。在购水的时候,注意查看标签所标注的内容,如水源地的位置、水的组成成分等,其中要含有钙和镁,钠的含量应低一些。

(2)因为老年人口渴感觉迟钝,所以要养成主动喝水的习惯,避免暴饮。

(3)要保证每天的饮水量,特别是在夏季或在空调的环境下更要注意补水,补水量要比平时多1倍左右。

(4)洗澡前后要注意补水,特别是洗桑拿浴时更要注意。为了健康和延年益寿,老年人应养成多喝水、勤喝水、喝好水的饮水习惯。

七、婴幼儿怎么喝水

(1)婴幼儿时期,人体内的水分含量最高,按需水量与体重之比,这一时期是人一生中喝水量最多的时期,尤其是用奶粉喂养的婴幼儿比用母乳喂养的婴幼儿需水量更多。

(2)婴幼儿的胃肠功能发育尚不完善,水中有毒物质很容易进入婴幼儿身体中,而且婴幼儿对外来污染物抵抗力弱,因此婴幼儿更需要喝好水、健康的水。

（3） 婴幼儿需要从饮水中摄入的矿物质含量比成人高,尤其要注意锌、钼、铜等微量元素的补充摄入。

（4） 婴幼儿应喝鲜榨果汁或水煮的水果水、蔬菜水,避免饮用饮料。

八、孕妇怎么喝水

1. 不喝含有酒精的饮料

整个怀孕期,孕妇应当少喝饮料,特别是少喝或不喝含酒精的饮料,而要多饮水。要知道,妊娠期间大量饮用含酒精的饮料会有导致胎儿畸形的危险。

2. 控制咖啡因的摄入

美国食品和药品管理局建议,孕妇在妊娠期间应避免或限制咖啡因的摄入量。咖啡因的摄入应限制在每天 300 毫克以下,相当于 500 毫升咖啡、2 升茶或 2.5 升可口可乐饮料所含有的量。

咖啡因可通过胎盘影响胎儿的心率和呼吸。在动物实验研究中,大量咖啡因可致畸。有证据表明,中度的咖啡因摄入量可降低婴儿的出生体重,而出生体重与成年后的心血管病的发病率呈正相关。

小贴士

酒精综合征

在美国,胎儿酒精综合征每年影响约 1200 名婴儿。受这种情况影响的婴儿,其典型的特征为生长迟缓,大脑体积特别小,有多动症、数学能力和逻辑思维能力较弱,并且还伴有面部缺陷及中枢神经、心脏和泌尿生殖系统的畸形。

不喝含酒精的饮料

控制咖啡因摄入

保证矿物质的需要量

自来水要净化处理

▲ 孕妇饮水注意事项

3. 保证矿物质的需要量

在整个妊娠期间，母体的矿物质和微量元素的摄入量也要增加，所以孕妇对水中的微量元素和矿物质的含量要注意，过多饮用纯净水或蒸馏水不利于这些物质在体内的蓄积和供给胎儿，并会引起孕妇身体内矿物质的缺乏。

4. 注意饮水的安全与卫生

饮水安全关系到两代人的生命健康。一般来说，发生婴儿怪胎、畸形与母体饮水的卫生安全有直接关系。自来水因存在二次污染，不要直接饮用，最好先经过净化处理，因为如果水中铅含量过高，会影响胎儿的发育。此外，还有多种污染物可以通过母体传给胎儿，这些污染物极有可能造成妊娠期间胎儿的细胞发生畸变或突变。

九、学生怎么喝水

1. 主动饮水

许多孩子经常放学一进家门就"咕嘟咕嘟"灌下一大杯水，这说明孩子处于缺水状态。人感到口渴，实际是细胞已经出现脱水现象，表明体内失水已经严重，若这时水分补充不及时，缺水加重，细胞内液的水则流向组织间液，这样就产生细胞内脱水。所以，口渴时再喝水为时已晚。因此，中小学生应养成随时随刻、主动喝水的习惯。

早晨多饮水

主动饮水

多喝健康水

▲ 学生饮水注意事项

2. 早晨多饮水

脱水严重会损伤细胞，尤其是脑细胞。有些学生上课时间长了就会感到疲劳，精神不集中，其原因除了是固体营养物质摄入不足外，很大程度上与细胞脱水有关。因此,学生不但要养成吃早餐的习惯，而且要养成早晨饮水并饮足水的习惯。

3. 多喝健康水

有部分老师、家长及学生在饮水问题上存在误区，比如：以果汁代替水。大多数果汁都富含氨基酸等酸性物质，长时间大量饮用可能会导致体内酸碱失衡，带来骨质疏松等不良影响，影响发育。又比如：多喝纯净水。可能大家普遍认为喝纯净水对身体好，殊不知学生因为处于发育时期，新陈代谢速度约是成年人的两倍，因此需要补充大量的矿物质参与酶的反应，提高身体吸收营养的效率，所以学生应该饮用矿物质含量高的水。

十、科学喝水预防疾病

根据长期的对比实验，专家总结喝水的 6 大好处如下：

（1）帮助大脑保持活力，提高记忆力。

（2）提高免疫力，帮助人体抗击有害细菌的侵害。

（3）抗抑郁症，饮水能刺激神经生成抗击抑郁的物质。

（4）抗失眠，水是制造天然睡眠调节剂的必需品。

（5）抗癌，使造血系统运转正常，有助于预防多种癌症。

（6）预防心脏和脑部血管堵塞。

以下是英国专家推荐的喝水时间表，供读者参考。

6：30	经过一整夜的睡眠，身体开始缺水，起床之际补充250毫升的水，可帮助肾脏及肝脏解毒。不要马上吃早餐，等待半小时让水融入每个细胞，进行新陈代谢后再进食
8：30	清晨从家里起床到单位上班的过程，时间总是特别仓促，情绪也较紧张，身体无形中会出现脱水现象。所以到了办公室后，别急着泡咖啡，先给自己1杯至少250毫升的水
11：00	在空调房里工作一段时间后，一定要在起身活动的时候再给自己一天里的第3杯水，以补充流失的水分，帮助放松紧张的工作情绪
12：50	用完午餐半小时后，也喝一些水，取代人工饮料，不仅可加强身体消化功能，也能帮助维持好身材
15：00	以1杯健康的矿泉水代替下午茶或咖啡等饮料，不仅可以补充流失的水分，还能使头脑保持清醒
17：30	下班离开办公室前，再喝1杯水
22：00	睡前半小时至1小时喝上1杯水，但别一口气喝太多，以免晚上频繁上洗手间而影响睡眠品质

▲ 英国专家推荐的喝水时间表

◎ 第二节 不当饮水大误区

一、吃东西的时候多喝水

1. 吃完葡萄后别立即饮水

吃葡萄后不能立刻喝水，否则会导致腹泻。因为，葡萄有通便润肠的功效，吃完葡萄立即饮水，胃还来不及消化吸收，水就将胃液冲淡了，葡萄与水、胃酸急剧氧化、发酵，加速了肠道的蠕动，就产生了腹泻。不过，这种蠕动不是由细菌引起的，泻完后会不治而愈。

2. 吃完荤食后不能立即饮茶

茶文化在中国源远流长，茶对身体有很多好处，一直是深受国人喜爱的一种饮料，但是喝茶也是有禁忌的。有些人吃完肉、鱼等高蛋白、高脂肪的荤食后，为去油腻，习惯饭后立即喝茶，其实这种做法是不健康的。因为茶叶中含有大量鞣酸，它能与蛋白质合成具有收敛性的鞣酸蛋白，使肠蠕动减慢，容易造成便秘。

3. 吃饭时最好少饮水

吃饭时最好少喝水。当食物在口腔中经咀嚼后，唾液酶即开始对食物产生水解作用。唾液是腮腺、颌下腺、舌下腺的分泌物，含有淀粉酶，主要将淀粉分解为麦芽糖和葡萄糖，供人体吸收。吃饭时喝水，由于水的参与和作用，就会冲淡唾液、胃液等消化液，降低了这些物质的消化作用，直接影响了小肠对营养物质的吸收。长期在吃饭时喝水，会使身体各种消化液的分泌逐渐减少，甚至停止。消化系统的虚弱、退化使蛋白质等营养物质不易被人体吸收，容易造成消化不良等肠胃疾病。

4.服抗溃疡药时应少饮水

有些药物因其特殊的起效方式，服药时不仅不能多喝水，甚至是不喝水，因为喝水会降低药效，失去其治疗作用。比如，某些治疗胃溃疡的药物——硫糖铝和氢氧化铝凝胶。与此相同服用方法的还有止咳类药物，如止咳糖浆、甘草合剂等。如果喝过多水，会把咽部药物的有效成分冲掉，使局部药物浓度降低。服这些药时，如果想喝水，应在服药半小时后，等保护膜稳定或达到药物作用时间，再适量喝水。

二、用饮料代替喝水

1.咖啡不能当水喝

口渴是体内缺水的具体表现。有些人靠喝咖啡来解渴，这是一大误区，表面上看咖啡是用水稀释的，应该可以解渴。但实际上，人们喝进去的咖啡还需要体内更多的水分来分解，从而更加剧体内的缺水状况。

同时咖啡还具有利尿的作用，喝咖啡所摄入的水，远远低于咖啡利尿作用所排出的水。如每天喝咖啡6杯（含咖啡量约12克），除了6杯中的所有水会迅速排出体外，还会增加尿量500～1000毫升而导致失水，使体重下降0.5～1千克。由于咖啡的兴奋作用，即使体内缺水，其神经传输口渴的感觉也会下降，长久下来有可能出现慢性脱水。慢性脱水的主要症状是头

6杯咖啡

口渴感觉下降

排出水分

6杯咖啡所含水分
+
500～1000
毫升水

▲ 咖啡不能当水喝

痛、疲劳、食欲减退、皮肤发热、胃部有灼热感以及尿色变浓，更重要的是由于脱水而引发多种疾病。因此，喝咖啡首先要适量，其次要补足因喝咖啡而流失的水分，这样才有利于健康。

知识拓展

什么人不宜喝咖啡

患高血压、冠心病、动脉硬化等疾病——长期或大量饮用咖啡，可引起心血管疾病。

老年妇女——妇女绝经后，雌激素分泌减少，容易出现内分泌紊乱，使身体内钙物质流失过多，而喝咖啡会加剧这一过程。

胃病患者——喝咖啡过量可引起胃病恶化。

孕妇——饮过量咖啡，可导致胎儿畸形或流产。

维生素 B1 缺乏者——维生素 B1 可保持神经系统的平衡和稳定，而咖啡对其有破坏作用。

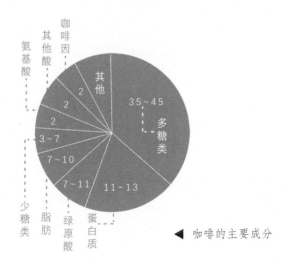

◀ 咖啡的主要成分

2. 果汁饮料不解渴

市场上各种各样的果汁饮料都纷纷标榜是纯天然果汁，能喝到维生素 C 等，再加上酸中带甜的口感，让消费者以为真的能喝出健康和美丽。事实上，各种号称天然的果汁饮料，在生产过程中都会加入糖、色素、甜味剂、酸度调节剂等添加剂。饮用过多的果汁，人体在分解这些物质时就需要消耗大量的水分，这反而让人感到更加口渴。并且一般在果汁中含有钾和钠元素，这会导致血液的渗透压增高，从而让细胞内的水分流失，也会让人感到口渴。短时间摄入过多糖分也会给神经中枢带来强烈的刺激，让人感到口渴。

三、烧开的水就是优质的水

烧开水是每个家庭中最常见的一件小事，但真正能把水烧开到最有效的程度，这里面有很多的学问：

（1）一般认为，平时烧开水时，可以把水中的微生物杀死，认为水只要烧开了就安全了。但水中微生物的排泄物，尤其是致病菌被杀死后所释放出来的内在毒素，在 100℃ 的温度里是不能被轻易杀灭的，因此应在水烧开 2～3 分钟后再关灭火门。

（2）烧开水时，当水烧到接近 100℃ 时，应把壶盖打开，让水中部分残留的挥发性有机物散发出去，直至水烧开后 2～3 分钟后再关灭火门。

（3）输配管道以及储水箱的长期使用，必然存在二次污染的问题，所以在自来水管道内存放过久的水不宜直接烧开饮用。清晨应打开水龙头，将水放流两分钟后再烧开饮用。放出来的自来水可以用来清洗蔬菜、水果以及清洁地板、厕所等。另外，还可以把水放在容器中自然净化和沉淀后再烧开饮用。

（4）水不能反复烧，最好现烧现喝。反复烧开的水是"多滚水"，称之为"死水"，饮用后会加速人体衰老。水存放的时间越长，受外界污染的机会就越多，因此隔夜水易老化而形成死水。水烧开后，细菌虽被杀死，但其尸体仍残留水中，并成为一种"热源"（一种过敏性物质），饮用后仍会对人体产生不良作用，如头痛、低烧、肠胃不适、关节炎等。

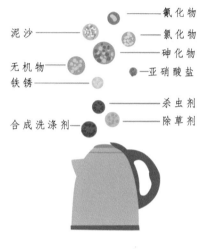

▲ 烧开的水，也可能有烧不掉的隐患

水烧开对重金属砷化物、氰化物、亚硝酸盐等有害物质，特别是有机污染，如杀虫剂、除草剂、合成洗涤剂等都是奈何不了的。水烧开可除去大多数挥发性的有机物，如三氯甲烷等，但水中有机物致癌突变活性大多源于非挥发性有机物，如三氯乙酸等，将水烧开后并不能去除这类物质。用铝制容器烧水时，水中的亚硝酸氮（也是一种强烈的致癌物质）会随煮沸而大大增多，这些物质对人体所造成的伤害远比水中的细菌更可怕。

四、不渴不喝水

很多人有这样一个观点：不渴不喝水。实际生活中也确实有相当多的人是不渴不喝水，一直到很渴时才大量喝水。这样做是不对的，等渴了再喝水就晚了，它已经影响人体内水的供应，不利于健康。据分析，在一个健康的成人体液内，水所占的比例是 60% ~ 70%。在人体的消化及新陈代谢过程中，水是不可缺少的。

饮水不足将对生理的诸多方面产生不良影响。体内水分不足时,有害健康的种种排泄物便有可能滞留在肾内形成结石,甚至引起慢性中毒。饮水不足会引起身体自发的积储水分以作补偿,这便使体重增加,引起体内脂肪积蓄,使肌肉萎缩。饮水不足还可能引起人体新陈代谢紊乱,从而使体质下降,免疫力减弱。所以,人应该做到不渴也要喝水。成年人每人每天至少应喝 8 ~ 10 杯水,才能满足身体各方面的需要。

五、冬季喝水少

从表面上来看,冬天人体出汗少,似乎就不用补充太多的水。但是冬季气候干燥,空气湿度小,加上风大,就会感觉皮肤紧绷,肌肉也变得软弱无力,这都是缺水造成的。事实上,人体内只要损耗 5% 的水分而未能得到及时补充时,皮肤就会萎缩、起皱、干燥。

冬季寒冷,人们喜欢关紧门窗,而造成室内缺氧,这时人就会感到头昏脑涨,心肺疾病患者还会觉得呼吸困难,多喝水则有利于氧气的供给,使呼吸顺畅。

冬天饮水少,首先易得尿路感染。人体很多细菌都是通过尿液排掉的,冬天水喝得少,排尿自然也少,病菌存在于人体的尿液里,尿道就易感染。尤其是女性,这是因为女性尿道比男性短好几倍,更容易得病。肾炎和膀胱炎就是比较常见的两种疾病。由于冬季怕冷,许多人在夜晚懒得起床排尿,久而久之形成习惯性的憋尿。而尿液在膀胱中储存的时间长了,细菌繁殖就多,有些细菌还会顺着输尿管逆行,这样就会引起肾炎和膀胱炎。另外,冬季饮水不足，还可能引起肾结石。当结石很小时，可能不会有什么感觉，但大的结石就会造成肚子痛、腰痛、恶心等症状。

通过以上的分析，冬季不但不能少饮水，而且还要多饮水，来弥补因气候干燥给人们带来的不利因素。冬季多饮水可以有效防止肾病的发生，减少肾炎和膀胱炎疾病的发生概率。

六、洗澡前不喝水

在很多人眼里，洗澡是在水中进行的，没有出汗，身体不会失水。但实际上，洗澡后常常会感到口渴，这主要有两方面原因：一是洗澡时，由于水温的影响，会加速人体的血液循环和新陈代谢，同时高温会加大皮肤的水分蒸发作用（类似于桑拿中的湿蒸）。时间如果稍微长一些，人体本身的水分就会被大量消耗掉；二是洗澡时呼吸加深，气体通过潮湿的口腔环境呼出，从而使水分排出增多，体液变得黏稠，在人体内引发"口渴"生理机制。

▲　洗澡前后，可适量饮水

一般来说，为了减轻洗澡时的缺水程度，应该在洗澡前、洗澡中、洗澡后分别给予补充。洗澡过程中一次大量喝水会引起胃部不适，因此在洗澡前15～30分钟或洗澡后15分钟内可适当少量饮水，每次饮水量最好不超过100毫升，分次补足250～500毫升水。洗澡中掌握饮水量的简单办法是：在满足解渴的基础上，适当增加水量，少量多次，以胃部不产生胀感为宜。不可饮用冰水，以免影响消化系统。

七、喝凉水也长肉

有些肥胖人常说"喝凉水也长肉"。因此每天不敢多饮水，其实不然。据日本医学方面的专家研究认为，大量饮水不但不会造成脂肪沉积，反而会溶解体内的脂肪。这是因为，在人体的组成成分中，水的含量最高。也就是说，人体中如有充分的水分，代谢的功能就增高，从而也有利于代谢多余的脂肪。

[1] 贾静 . 环境在线监测技术的应用与研究 [J]. 四川化工，2014，17(5):17-20.

[2] 任宗明，王涛，白云岭，等 . 水质在线安全生物预警系统模拟预警及应用 [J]. 供水技术，2009(2):6-8.

[3] 韦方洋，丁银，李艳丽 . 水质中挥发性有机物在线监测技术研究进展 [J]. 环境与发展，2019(5):90-90.

[4] 赵瑞彬，彭晓静，贾瑞宝，等 . 水体突发污染事件在线生物监测技术的发展和应用分析 [J]. 生态毒理学报，2019，14（2）:45-52.

[5] 钟睿，张晓燕，戴肖云 . 突发事故水环境污染应急监测技术方法研究 [J]. 绿色科技，2018，(18):71-72.

[6] 汪志国，曹勤 . 浅谈水污染事故的应急监测 [J]. 中国环境监测，2008，24(1):29-31.

[7] 张丽红 . 便携式水质分析仪器的应用前景 [J]. 资源节约与环保，2015(5):48-48.

[8] 王博，王红晓 . 水质生物毒性预警系统建设及在海宁市饮用水源保护中的应用 [J]. 环境监控与预警，2012，4(5):10-13.

[9] 郁建桥，钟声，王经顺 . 生物毒性检测技术在水质应急和预警监测过程中的应用 [J]. 生命科学仪器，2009，7(12):16-18.

[10] 唐玉东 . 浅谈水体中重金属危害及检测方法 [J]. 农村经济与科技，2016，27(23):64-65.

[11] 牛耀岚，吴曼菲，胡湛波 . 吸附法处理水体重金属污染的研究进展 [J]. 华北水利水电大学学报：自然科学版，2019(2):46-51.

[12] 李征 . 重金属污染水体的环境保护处理技术研究 [J]. 环境与发展，2018，30(11):122-123.

[13] 巢猛，胡小芳 . 粉末活性炭吸附去除汞、铅、镉等 9 种重金属效果的实验研究 [J]. 城镇供水，2011(3):70-71.

[14] 张蕊，葛滢 . 稻壳基活性炭制备及其对重金属吸附研究 [J]. 环境污染与防治，2011，33(1):41-45.

[15] 李曼, 邢伟明. 生物法处理水体重金属污染研究进展 [J]. 河南农业, 2017(12).

[16] 潘春龙, 何谨. 水生植物在含 Cr 废水处理中的作用 [J]. 环境科学导刊, 2006, 25(3):34-35.

[17] 王亚雄, 郭瑾珑, 刘瑞霞. 微生物吸附剂对重金属的吸附特性 [J]. 环境科学, 2001(6):75-78.

[18] 杨先乐, 湛嘉, 黄艳平. 有机磷农药对水生生物毒性影响的研究进展 [J]. 上海海洋大学学报, 2002(4).

[19] 韩晓刚. 城市水源水质风险评价及应急处理方法研究 [D]. 西安建筑科技大学, 2011.

[20] 姜瑞雪, 王龙, 张丽. 强化混凝在微污染水源水处理中的应用 [J]. 水资源保护, 2006, 22(5):68-70.

[21] 张鹏, 郑怀礼, 邓晓莉, 等. 混凝法去除水体中邻苯二甲酸二甲酯 [J]. 土木建筑与环境工程, 2011, 33(4).

[22] 邵路路, 陆开宏. 原位应急处理水源地蓝藻水华的物理技术研究及展望 [J]. 上海环境科学, 2013, 32(4):160-165.

[23] 杨显峰. 高藻水源地饮用水高级氧化除藻技术研究 [J]. 华中师范大学研究生学报, 2015(2):174-178.

[24] 崔莉燕, 吴爽. 饮用水消毒技术的研究进展 [J]. 环球市场, 2017, (6):72-72.

[25] 徐琛宇, 李翠梅, 袁祥, 等. 太湖上山水源地嗅味物质的研究与分析 [J]. 生态与农村环境学报, 2015, (5):736-742.

[26] 辛晓东, 王明泉, 赵清华, 等. 饮用水嗅味物质检测与控制技术研究进展 [J]. 中国给水排水, 2013, 29(14):13-15.

[27] 查湘义. 家用净水器的应用现状及展望 [J]. 科技风, 2018(17):5.

[28] 李贵宝. 饮水安全知识问答 [M]. 北京: 中国标准出版社, 2009.

[29] 朱月海. 饮水与健康 [M]. 北京: 中国建筑工业出版社, 2009.

[30] 李春娟,曾燕燕 . 饮水安全百问百答 [M]. 杭州：浙江工商大学出版社，
    2011.

[31] 沈立荣,孔村光 . 水资源保护：饮水安全与人类健康 [M]. 北京：中国轻
    工业出版社,2014.

[32] 史德 . 水与健康共存：科学饮水防病保健康 [M]. 北京：金盾出版社，
    2015.

[33] 刘明山,马卫平 . 健康饮水 150 问：破译水的健康密码 [M]. 北京：中国
    社会出版社,2010.